# Die wichtigsten
# Begriffe und Gesetze der Physik

unter alleiniger Anwendung der
gesetzlichen und der damit zusammenhängenden
Maßeinheiten.

Von

## Dr. O. Lehmann,
Professor der Physik an der Technischen Hochschule zu Karlsruhe.

Springer-Verlag Berlin Heidelberg GmbH 1907

Alle Rechte, insbesondere das der
Übersetzung in fremde Sprachen, vorbehalten.

ISBN 978-3-662-32246-8     ISBN 978-3-662-33073-9 (eBook)
DOI 10.1007/978-3-662-33073-9
Softcover reprint of the hardcover 1st edition 1907

Universitäts-Buchdruckerei von Gustav Schade (Otto Francke), Berlin N.

# Vorwort.

Für wissenschaftliche und technische Messungen erweisen sich bald diese, bald jene Einheiten als besonders empfehlenswert. Beispielsweise halten die Ingenieure ohne Rücksicht auf die gesetzlichen Bestimmungen auch heute noch an dem **Kilogramm als Krafteinheit**[1]) fest, welchem das Hyl (= 9,81 kg) als **Masseneinheit** entspricht[2]), benutzen aber daneben, der Vorschrift entsprechend, das Kilogramm auch als Masseneinheit, obschon naturgemäß hierdurch mancherlei Mißverständnisse entstehen müssen. Die Physiker geben meist den CGS-Einheiten, bald den elektrostatischen, bald den elektromagnetischen, den Vorzug, verwenden aber daneben, da sich diese für den praktischen Gebrauch nicht eignen[3]), die verschiedensten anderen üblichen Einheiten; wohl auch deshalb, weil der Mangel charakteristischer Bezeichnungen für die CGS-Einheiten klare,

---

[1]) Siehe Zeitschr. d. Vereins deutscher Ingenieure 1906, Nr. 8, 24. Februar.
[2]) Siehe Fr. Emde, Elektrotechn. Zeitschr. 25, 441, 1904 und Frick, Physik. Technik, 7. Aufl. Bd. I (2), S. 732.
[3]) Siehe O. Lehmann, Das absolute Maßsystem, Verhandl. d. naturw. Vereins Karlsruhe 13, 365, 1897 (Referat in der Zeitschrift für phys. und chem. Unterricht 10, 77, 1897); ferner die Zusammenstellung der CGS-Einheiten in J. Müllers Grundriß der Physik, 14. Aufl., Anhang.

leichtfaßliche Darstellung außerordentlich beeinträchtigt, und die beständige Zufügung der Zeichen CGS$_{es}$ oder CGS$_{el}$ eine das Interesse lähmende Monotonie bedingt. Für den Lehrer der Physik bedeutet der unaufhörliche Wechsel der Einheiten eine ganz enorme und durchaus überflüssige Erschwerung des Unterrichts, welche um so mehr ins Gewicht fällt, als die verfügbare Zeit ohne dies in keinem Verhältnis zur Fülle des zu bewältigenden Stoffes steht[1]). Da die Schule für das Leben vorzubereiten hat, und in der Praxis die Einheiten der Ingenieure Verwendung finden, habe ich bis in die neueste Zeit an dem Kilogramm als Krafteinheit festgehalten und tunlichst nur solche Einheiten gebraucht, die sich daran anschließen[2]). Hierdurch ergeben sich indes andere Schwierigkeiten, die in der veränderlichen Natur jener Einheiten begründet sind und z. B. bei der Zusammenstellung von Tabellen der physikalischen Konstanten hervortreten, auch besonders dadurch lästig fallen, daß sie zahllose Hinweise auf die Veränderlichkeit erfordern, sowie dadurch, daß die Formeln durch Mitschleppen des Faktors g unnötig kompliziert werden.

Nach mehr als 20 jährigen Bemühungen, auf solche Weise der Gepflogenheit der Ingenieure entgegenzukommen, habe ich mich wegen der Unmöglichkeit, den immer mehr wachsenden Lehrstoff in der vorgeschriebenen Zeit zu bewältigen, genötigt gesehen, darauf

---

[1]) An unserer Hochschule (Karlsruhe) beispielsweise sind der Physik nur 4 Stunden zugewiesen, ebenso wie solchen elementaren Fächern, welche keine Zeit benötigen für zahlreiche **quantitative Versuche und numerische Rechnungen**.

[2]) Siehe Müllers Grundriß der Physik, 14. Aufl., Braunschweig, Vieweg & Sohn, und Meyers Großes Konversationslexikon, 6. Aufl., insbesondere den die elektrischen Größen behandelnden Band (Nr. 5).

zu verzichten und mich streng an die **gesetzlichen Einheiten** zu halten, also diejenige Krafteinheit zu verwenden, welche sich aus den gesetzlichen Einheiten für Länge, Masse und Zeit: **Meter, Kilogramm, Sekunde** ergibt, die **Dezimegadyne**[1]) ($= \frac{1}{g}$ Kilogramm $= 10^5$ Dynen), d. h. **die Kraft, welche der Masse 1 Kilogramm einen Geschwindigkeitszuwachs von 1 Meter pro Sekunde in der Sekunde erteilt**[2]).

Da, soweit mir bekannt, der Gebrauch dieser Einheit sonst nicht üblich ist, vermutlich, weil man das Hervortreten neuer Schwierigkeiten befürchtet, gebe ich im nachfolgenden eine Übersicht, wie sich die wichtigsten Definitionen und Gesetze der Physik unter konsequenter Anwendung der genannten Einheiten gestalten. Man kann daraus ersehen, daß sich die Formeln kaum erheblich anders gestalten als bei Anwendung des CGS-Systems[3]), Bedenken in dieser Richtung also unbegründet sind.

Bei versuchsweiser Einführung der Dezimegadyne in meinen Vorlesungen hat sich auch wirklich eine ganz wesentliche Vereinfachung des Unterrichts ergeben, sowie bedeutender Gewinn an Zeit, gegen welche die Komplikation, daß zeitweise auf die üblichen Einheiten hingewiesen und diese und jene einfache Um-

---

[1]) Das Wort ist unnötig lang, man kann aber, ähnlich wie statt Kilogramm häufig Kilo gesagt wird, auch kurz Deci sagen und als Abkürzung entsprechend Kg etwa Di.

[2]) Siehe Frick, l. c. Bd. I (2), S. 1597 sowie Bd. II (1), Vorrede, und Fr. Emde, Elektrotechn. Zeitschr. 25, 441, 1904.

[3]) In Frick, Physik. Technik II (1) habe ich bei jeder Rechnung alle drei Arten Maßeinheiten verwendet, so daß bequeme Vergleichung möglich ist.

rechnung gemacht werden muß, nicht in Betracht kommt[1]).

Es würde mich freuen, wenn die kleine Schrift, welche sich neben jedem Lehrbuch der Physik gebrauchen läßt, dazu beitragen könnte, den physikalischen Unterricht durch Beseitigung von Überflüssigem fruchtbarer zu gestalten.

Karlsruhe, im Mai 1907.

O. LEHMANN.

---

[1]) Ausführlicheres findet man in meinem Leitfaden der Physik, Braunschweig, Vieweg & Sohn, welcher zurzeit noch im Druck ist.

1. **Länge.** Einheit ist das **Meter**, die Länge eines in Paris aufbewahrten Platinstabes, des sogen. Archivmeters. Derselbe ist nur 0,1 mm kürzer als $\frac{1}{40\,000\,000}$ des Erdumfangs. Annähernd ist also der Erdumfang 40 000 000 Meter.

2. **Fläche.** Einheit ist das **Quadratmeter**. Der Inhalt eines Kreises vom Radius r Meter z. B. ist $\pi r^2$ Quadratmeter, die Mantelfläche eines darüber errichteten Zylinders von h Meter Höhe $2\pi r \cdot h$; die Oberfläche einer Kugel vom Radius $r = 4\pi r^2$.

3. **Raum.** Einheit ist das **Kubikmeter**. Der Inhalt eines rechteckigen Parallelepipedons von den Seitenlängen a, b, c Meter beispielsweise ist $a \cdot b \cdot c$ Kubikmeter; der Inhalt einer Kugel vom Radius r

$$= \frac{4}{3}\pi r^3 \text{ Kubikmeter.}$$

4. **Winkel.** Einheit ist der **Radiant**, ein Winkel, der bei 1 Meter Schenkellänge einen Bogen von 1 Meter Länge einschließt. Er ist $= 57{,}5958^\circ$. 1 Grad schließt den 360. Teil eines ganzen Kreises ein. Demnach sind $360^\circ = 2\pi$ Radianten, $180^\circ = \pi$, $90^\circ = \frac{\pi}{2}$ usw. 1 Grad $= 60$ Bogen-Minuten, 1 Minute $= 60$ Sekunden.

5. **Zeit.** Einheit ist die **Sekunde**, der 86 400ste Teil des mittleren Sonnentages, d. h. der Zeit von einer Kulmination der Sonne bis zur nächsten. 60 Sekunden $= 1$ Minute, 60 Minuten $= 1$ Stunde, also 1 Stunde $= 3600$ Sekunden.

6. **Geschwindigkeit.** Einheit ist die Geschwindigkeit 1 Meter pro Sekunde. Bei regelmäßiger Bewegung ist, wenn in t Sekunden s Meter zurückgelegt werden, die Geschwindigkeit

$$v = \frac{s}{t} \text{ m/sec.}$$

Bei ungleichmäßiger Bewegung ist

$$v = ds/dt \text{ m/sec.,}$$

wobei ds eine sehr kleine Strecke bedeutet, welche in der Zeit dt Sekunden durchlaufen wurde.

7. **Winkelgeschwindigkeit.** Einheit ist die Geschwindigkeit 1 Radiant pro Sekunde. Ändert sich der Winkel um dα in dt Sekunden, so ist die Winkelgeschwindigkeit $\omega = \dfrac{d\alpha}{dt}$. Ist der Radius der Kreisbahn r Meter und die Winkelgeschwindigkeit α Radianten pro Sekunde, so ist die Peripheriegeschwindigkeit r·α Meter pro Sekunde. Ist n die Tourenzahl pro Sekunde, so ist die Peripheriegeschwindigkeit $2\pi r \cdot n$ Meter pro Sekunde.

8. **Beschleunigung.** Einheit ist eine Geschwindigkeitszunahme von 1 m/sec. in der Sekunde. Ändert sich die Geschwindigkeit in dt Sekunden um dv, so ist die Beschleunigung

$$g = \frac{dv}{dt} = \frac{d^2s}{dt^2} \text{ Meter pro Sek. in der Sekunde.}$$

Bei gleichförmiger Beschleunigung g ist die Endgeschwindigkeit nach t Sekunden $v = g \cdot t$ Meter pro Sek.

9. **Winkelbeschleunigung.** Einheit ist eine Geschwindigkeitszunahme von 1 Radiant pro Sekunde in der Sekunde. Ändert sich die Winkelgeschwindigkeit in dt Sekunden um dω, so ist die Winkelbeschleunigung

$$\varepsilon = \frac{d\omega}{dt} = \frac{d\omega^2}{dt^2}.$$

— 9 —

Ist r der **Radius** der Kreisbahn, so ist die Peripheriebeschleunigung $= r \cdot \varepsilon$ Meter pro Sekunde.

10. **Masse.** Einheit ist die Masse eines in Paris aufbewahrten Platinstücks, des Archivkilogramms. Sie ist um 153 Milligramm größer als die von 1 Kubikdezimeter **Wasser** von $4^0$. Demgemäß ist die Masse von 1 Liter **Wasser** rund 1 kg.

11. **Dichte.** Einheit ist die Dichte von 1 kg pro cbm. Hiernach ist die Dichte von **Platin** 21400, **Eisen** 78000, **Eis** 900, **Kork** 200 kg pro cbm.

12. **Kraft.** Einheit ist die Kraft, welche der Masse 1 Kilogramm die Beschleunigung 1 m/sec. pro Sekunde erteilt. Sie heißt **Dezimegadyne**. Die Kraft p, welche der **Masse** m kg die Beschleunigung g m/sec. pro Sekunde erteilt, ist

$$p = m \cdot g \text{ Dezimegadynen.}$$

Da die Schwere einem Kilogrammstück die Beschleunigung 9,81 m/sec. pro Sekunde in Karlsruhe erteilt, beträgt diese Schwere 9,81 Dezimegadynen. Demnach ist 1 Dezimegadyne $= \frac{1}{9,81} \left( = \frac{1}{g} \right)$ Kilogrammschwere in Karlsruhe.

13. **Arbeit und Energie.** Einheit ist das **Joule**, d. h. die Arbeit von 1 Dezimegadyne auf die Strecke 1 Meter. Wirkt die Kraft k Dezimegadynen auf dem Wege s Meter, so ist die Arbeit $k \cdot s$ Joule. Z. B. ist zum Heben von p Kilogramm auf die Höhe s Meter die Arbeit $g \cdot p \cdot s$ Joule, in Karlsruhe $9{,}81 \cdot p \cdot s$ Joule erforderlich. Demnach ist 1 Joule $= \frac{1}{g}$ Kilogrammeter.

14. **Effekt.** Einheit ist das **Watt**, d. h. eine Leistung von 1 Joule pro Sekunde. Da 1 Watt $= \frac{1}{g}$ Kilogrammeter pro Sekunde und 75 kgm/sec. $=$

1 Pferdekraft, ist $1 \text{ Watt} = \dfrac{1}{g \cdot 75} = \dfrac{1}{736}$ PS.

**15. Gravitationsgesetz.** Die Kraft k zwischen den Massen $m_1$ und $m_2$ Kilogramm im Abstand r Meter beträgt:

$$k = 66{,}8 \cdot 10^{-12} \cdot \frac{m_1 \cdot m_2}{r^2} \text{ Dezimegadynen.}$$

**16. Niveau- oder Höhenlinien.** Spezifische potentielle Energie (Potential) in unebenem Gelände kann man nennen die potentielle Energie der Masse 1 Kilogramm. Sie ist gleich für alle Punkte gleicher Höhe.

**17. Kraftlinien.** Spezifische Kraft (Feldstärke) in unebenem Gelände (Feld) ist die Größe der auf die Masse 1 Kilogramm wirkenden abwärts treibenden Kraft. Sie beträgt soviel Dezimegadynen als die Potentialdifferenz Joule pro Meter, als das sogen. Potentialgefälle.

**18. Gravitationspotential.** Im Gravitationsfeld der Masse $m_1$ Kilogramm ist die potentielle Energie der Masse m Kilogramm im Abstand $r_1$ Meter

$$= -66{,}8 \cdot 10^{-12} \cdot \frac{m_1}{r_1} \cdot m \text{ Joule}$$

und das Potential an der betreffenden Stelle, d. h. die potentielle Energie für eine Masse gleich dem Reziproken der Gravitationskonstante, abgesehen vom Vorzeichen

$$= \frac{m_1}{r_1} \text{ Joule pro } \frac{10^{12}}{66{,}8} \text{ Kilogramm.}$$

Im Feld der Massen $m_1, m_2, m_3 \ldots$ Kilogramm in einem Punkt, dessen Abstände $r_1, r_2, r_3 \ldots$ Meter sind, ist die potentielle Energie von m Kilogramm

$$= -66{,}8 \cdot 10^{-12} \left( \frac{m_1}{r_1} + \frac{m_2}{r_2} + \frac{m_3}{r_3} + \ldots \right) \cdot m \text{ Joule.}$$

Das Potential an der Stelle von m beträgt

$$\frac{m_1}{r_1} + \frac{m_2}{r_2} + \frac{m_3}{r_3} + \cdots,$$

d. h. dies ist der Zahlenwert der potentiellen Energie in Joule für die Masse

$$m = \frac{10^{12}}{66,8} \text{ Kilogramm.}$$

**19. Intensität des Gravitationsfeldes.** Dieselbe ist die Kraft, welche ausgeübt wird auf die Masse $\frac{10^{12}}{66,8}$ Kilogramm (das Reziproke der Gravitationskonstante), so daß, falls man sie mit H bezeichnet, die Kraft k auf die Masse m Kilogramm beträgt:

$$k = 66,8 \cdot 10^{-12} \cdot H \cdot m \text{ Dezimegadynen.}$$

Für eine einzelne anziehende Masse $m_1$ im Abstand $r_1$ ist hiernach

$$H = \frac{m_1}{r_1^2},$$

für mehrere Massen $m_1, m_2, m_3 \ldots$ in den Abständen $r_1, r_2, r_3 \ldots$, welche mit der Richtung der resultierenden Kraft die Winkel $\alpha_1, \alpha_2, \alpha_3 \ldots$ bilden, ist

$$H = \frac{m_1}{r_1^2} \cdot \cos \alpha_1 + \frac{m_2}{r_2^2} \cdot \cos \alpha_2 + \frac{m_3}{r_3^2} \cdot \cos \alpha_3 \ldots \text{ Dezi-}$$

megadynen pro $\frac{10^{12}}{66,8}$ Kilogramm.

**20. Kraftlinienzahl.** Zieht man nur einzelne von den von der Masse $m_1$ Kilogramm (dieselbe als Hohlkugel gedacht) ausgehenden Kraftlinien, derart, daß am Ausgangspunkt jeder Kraftlinie sich die Masse $\frac{1}{4\pi}$ Kilogramm befindet, also die Gesamtzahl $4\pi \cdot m_1$ beträgt, so ist die Zahl dieser Kraftlinien, welche durch 1 qm einer beliebigen Niveaufläche hindurchgeht, gleich der Feldintensität H. Dieser Satz gilt auch für mehrere wirksame Massen $m_1, m_2, m_3 \ldots$

**21. Dehnungskoeffizient und Elastizitätsmodul.** Bringt die Kraft P Dezimegadynen bei einem

Stab von der Länge l Meter und dem Querschnitt q Quadratmeter eine Verlängerung um d Meter hervor, so ist

$$d = n \cdot \frac{P \cdot l}{q} \text{ Meter,}$$

wenn n der Dehnungs- oder Elastizitätskoeffizient oder

$$\frac{1}{n} = E$$

der Elastizitätsmodul. Gleiches gilt für Stauchung.

Beispielsweise ist der Elastizitätsmodul für Stahl $245\,000 \cdot 10^6$, Glas $66\,500 \cdot 10^6$, Blei $17\,200 \cdot 10^6$, Kautschuk $7,3 \cdot 10^6$ Dezimegadynen pro qm.

**22. Schubkoeffizient und Schubmodul.** Haftet ein elastischer Körper von q Quadratmeter Fläche an zwei parallelen Platten, deren Abstand h Meter beträgt, und wird die eine gegen die andere um a Meter parallel verschoben, so ist die hierzu erforderliche Kraft

$$P = f \cdot \frac{a \cdot q}{l} \text{ Dezimegadynen.}$$

Dabei ist f der Schubkoeffizient oder

$$\frac{1}{f} = F$$

der Schubmodul. Letzterer ist z. B. für Gelatine $= 13\,700$ Dezimegadynen pro Quadratmeter und Meter.

Wird ein Draht von l Meter Länge und r Meter Querschnittsradius durch P Dezimegadynen am Hebelarm R Meter um den Winkel $\alpha$ Radianten ($= \alpha \cdot 57,3$ Grad) gedrillt, so ist

$$F = \frac{2 \cdot P \cdot l \cdot R}{\pi \cdot r^4 \cdot \alpha}$$

z. B. für Messingdraht $= 33\,000 \cdot 10^6$ Dezimegadynen pro qm.

**23. Deformationsarbeit und Spannungsenergie.** Wird eine elastische Platte von q Quadratmeter Fläche und 1 Meter Dicke vom Elastizitätsmodul E um d Meter zusammengedrückt, so ist die erforderliche Kraft

$$K = E \cdot \frac{d \cdot q}{l} \text{ Dezimegadynen pro qm}$$

und die Deformationsarbeit: $\frac{1}{2} \cdot q \cdot H \cdot d$ Joule, wenn H der Druck in Dezimegadynen pro qm, oder, wenn v das Volumen in cbm, $= \frac{v}{2} \cdot \frac{H^2}{E}$ Joule, also die spezifische Spannungsenergie $= \frac{H^2}{2 \cdot E}$ Joule pro Kubikmeter.

24. **Volumänderung und Elastizitätszahl.** Die Volumänderung eines Stabes vom Elastizitätsmodul E beim Dehnen mit der Kraft K beträgt $\frac{K}{E}(1-2\mu)$ cbm pro cbm, wenn $\mu$ die Elastizitätszahl ist. Diese ist nach Poissons Theorie $= \frac{E}{2F} - 1$, wenn F der Schubmodul. Tatsächlich ist sie für Glas = 0,23, Kautschuk = 0,5.

25. **Volumelastizität und Kompressibilität.** Bei allseitig gleichem Zug oder Druck ist die Volumänderung für Zunahme um 1 Dezimegadyne pro qm = $3 \cdot \frac{K}{E}(1-2\mu)$ cbm pro cbm; z. B. für Glas $0{,}223 \cdot 10^{-6}$, für Messing $0{,}975 \cdot 10^{-6}$ cbm pro cbm bei Druckzunahme um 1 Dezimegadyne pro qm. Diese Zahl heißt „Kompressibilität". Sie gibt auch das Verhältnis der Dichtigkeitszunahme zur ursprünglichen Dichte, die „Kompression". „Volumelastizität" ist das Reziproke der Kompressibilität[1]).

---

[1]) Da auch Flüssigkeiten und Gase Volumelastizität zeigen, obschon sie keine Elastizität besitzen, kann die obige Formel nicht richtig sein; auch erscheint es verfehlt, die beiden verschiedenartigen Eigenschaften mit dem gleichen Worte „Elastizität" zu bezeichnen.

26. **Tragmodul** ist die dehnende Kraft pro qm, bei welcher die Elastizitätsgrenze überschritten wird, d. h. bleibende, mit der Zeit zunehmende Dehnung (Fließen) eintritt. Er ist z. B. für Blei $9{,}25 \cdot 10^6$ Dezimegadynen pro Quadratmeter.

27. **Reibungskoeffizient** ist das Verhältnis der schiebenden Kraft zur Belastung, z. B. für Eisen auf Eisen 0,277.

28. **Bremsdynamometer.** Beträgt der Hebelarm L Meter, das angehängte Gewicht P Dezimegadynen, so ist die Arbeit bei n Umdrehungen $2\pi L \cdot n \cdot P$ Joule oder ebensoviel Watt, wenn n die Tourenzahl pro Sekunde bedeutet. Ist bei der Bandbremse die Gewichtsdifferenz $P_1 - P_2$ Dezimegadynen und r der Radius der Riemscheibe in Metern, so ist die Arbeit $2\pi r \cdot n \cdot (P_1 - P_2)$ Joule bezw. Watt.

29. **Plastizitätsgrenze oder Kohäsion** ist die allseitige Zugkraft pro qm, Zugfestigkeit die einseitige Zugkraft pro qm, bei welcher Zerreißen eintritt. Letztere ist z. B. für Blei $26{,}6 \cdot 10^6$, für Stahl $1000 \cdot 10^6$ Dezimegadynen pro qm.

30. **Flüssigkeitsdruck.** Einheit ist der Druck von 1 Dezimegadyne pro Quadratmeter. Z. B. ist der Druck einer Quecksilbersäule von 0,76 m Höhe ($= 1$ Atm.) 101 366 Dezimegadynen pro qm in Karlsruhe.

31. **Oberflächenspannung** ist die Kraft, welche man nötig hätte, um die Schnittränder der zerschnitten gedachten Flüssigkeitsoberfläche zusammenzuhalten. Sie ist z. B. für Wasser 0,073, für Alkohol 0,023 Dezimegadynen pro Meter.

32. **Steighöhe in Kapillaren.** Ist a die Oberflächenspannung in Dezimegadynen pro m, s die Dichte der Flüssigkeit in kg pro cbm, r der Querschnittsradius der Kapillare in m, so beträgt die Steighöhe

$$h = \frac{2a}{r \cdot s \cdot 9{,}81} \text{ Meter in Karlsruhe.}$$

**33. Konzentration.** Massenkonzentration ist die Anzahl Kilogramme des gelösten Stoffs in 1 kg der Lösung. Räumliche Konzentration ist die Anzahl kg in 1 cbm der Lösung. Äquivalent- oder Molekularkonzentration ist die Anzahl Kilogramm-Mol pro cbm, wobei ein Kilogramm-Mol so viel Kilogramme bedeutet, als das Molekulargewicht beträgt. Beispielsweise ist für $8\%$ige $CuSO_4$-Lösung, deren Dichte $=1052$ kg pro cbm, die somit $1052 \cdot \frac{8}{100} = 84{,}16$ kg $CuSO_4$ enthält, weil $Cu = 63$, $S = 32$ und $O = 16$, also $CuSO_4 = 63 + 32 + 4 \times 16 = 159$, die Molekularkonzentration $= \frac{84{,}16}{159} = 0{,}48$. „Teilungskoeffizient" ist das Verhältnis der räumlichen Konzentrationen bei Verteilung eines Stoffs zwischen zwei Lösungsmitteln.

**34. Diffusion und Osmose.** Sind an den Enden einer Flüssigkeitssäule von l Meter Länge und q Quadratmeter Querschnitt die räumlichen Konzentrationen eines gelösten Stoffs $c_1$ und $c_2$, wobei $c_1 > c_2$, so findet Diffusion in der Richtung von $c_1$ gegen $c_2$ statt, und zwar ist die „Stärke des Diffusionsstroms", d. h. die Menge der durchwandernden Stoffmenge

$$i = \delta \cdot \frac{c_1 - c_2}{l} \cdot q \text{ Kilogramm pro Sekunde,}$$

wobei $\frac{c_1 - c_2}{l}$, d. h. die Abnahme der Konzentration pro m, das „Konzentrationsgefälle" genannt wird, $\delta$ der Diffusionskoeffizient. Dieser ist z. B. für Salzsäure in Wasser $20{,}9 \cdot 10^{-4}$ Kilogramm für Quadratmeter und Sekunde beim Gefälle von 1 kg pro cbm pro m.

**35. Sättigungskonzentration oder Löslichkeit** ist die Konzentration, bei welcher Gleichgewicht herrscht, z. B. für Lösung von Kupfervitriol in Wasser 0,17 kg pro kg.

36. **Kompressibilität der Flüssigkeiten** ist die Volumverminderung in cbm pro cbm bei Druckzunahme um 1 Dezimegadyne pro qm, z. B. für Wasser $460 \cdot 10^{-12}$, für Quecksilber $39 \cdot 10^{-12}$. Sie nimmt mit dem Druck ab, ist z. B. für Wasser bei 300 Millionen Dezimegadynen pro qm nur $261 \cdot 10^{-12}$.

37. **Druck in einer Seifenblase.** Ist die Oberflächenspannung a Dezimegadynen pro m ($= 0,03$) und der Radius r Meter (z. B. $= 0,06$), so ist der Druck in der Blase $p = \dfrac{4a}{r}$ ($= 2$) Dezimegadynen pro qm.

38. **Gasdichte** ist das Gewicht von 1 cbm in kg, z. B. für Luft bei $0^0$ und 760 mm ($= 1$ Atm. $= 101\,366$ Dezimegadynen pro qm) 1,293 kg pro cbm.

39. **Volumelastizität der Gase.** Ist der Anfangsdruck p, der Enddruck $n \cdot p$ Dezimegadynen pro qm, das Anfangsvolumen v, also das Endvolum $\dfrac{v}{n}$ cbm, so ist die Kompression $=$

$$\left(v - \frac{v}{n}\right) : \frac{v}{n}$$

und, da die Druckzunahre
$$n \cdot p - p \text{ ro } (n-1)p,$$
die **Kompressibilität** $=$

$$\frac{(n-1)v \cdot n}{n \cdot v \cdot (n-1)p} = \frac{1}{p}$$

und die Volumelastizität $= p$ Dezimegadynen pro qm.

40. **Absorptionskoeffizient** ist die von 1 cbm Flüssigkeit beim Druck 1 Dezimegadyne pro qm absorbierte Gasmenge in cbm, gemessen beim Druck 1 Dezimegadyne pro qm. Er ist z. B. für Kohlensäure in

Wasser = 1. Da das absorbierte Gasvolum dem Druck proportional ist, absorbiert 1 cbm Wasser beim Druck p Dezimegadynen pro qm ebenfalls 1 cbm Kohlensäure, gemessen unter diesem Druck, weil bei diesem 1 cbm pmal soviel Gas enthält als bei 1 Dezimegadyne pro qm. Für Sauerstoff ist der Absorptionskoeffizient 0,0342, für Stickstoff 0,0148.

**41. Dampftension.** Dieselbe ist z. B. bei 20° für Wasser 2300 Dezimegadynen pro qm; bei Mischung von Wasser mit 84,48 kg Schwefelsäure auf 100 kg Mischung, d. h. bei der Massenkonzentration 84,48 %, nur 20 Dezimegadynen pro qm. 1 cbm Luft enthält im Fall der Sättigung bei 20° 0,01703 kg Wasserdampf, d. h. so viel als 1 cbm Wasserdampf bei dieser Temperatur wiegt. Das Verhältnis der z. B. durch Absorption mit Schwefelsäure gefundenen tatsächlichen Dampfmenge pro cbm der „absoluten Feuchtigkeit" zu dieser maximalen Dampfmenge ist die „relative Feuchtigkeit", das Hundertfache derselben der „Feuchtigkeitsgrad".

**42. Temperatur.** Bei Erwärmung eines Luftthermometers von der Temperatur des schmelzenden Eises bis zu der des siedenden Wassers beträgt die Zunahme des Druckes bezw. des Volums der Luft $^{100}/_{273}$. 1 Grad Celsius ist die Temperaturerhöhung, die der Zunahme $^{1}/_{273}$ entspricht, so der wenn der Gefrierpunkt mit 0° bezeichnet wird, des Siedepunkt = 100° zu setzen ist. Nach „absoluter" Skala ist der Gefrierpunkt 273°, der Siedepunkt 373°.

**43. Die Gaskonstante.** Bedeutet p den Druck eines Gases in Dezimegadynen pro qm, v das Volumen in cbm und $\tau$ ($= 273 + t$) die Temperatur in Celsiusgraden, gerechnet von $-273$ unter dem Gefrierpunkt (absolute Temperatur), so ist

$$\frac{p \cdot v}{\tau} = R.$$

Für 1 kg Luft ist die Gaskonstante R = 287; für 1 kg-Mol, d. h. soviel kg, als das Molekulargewicht beträgt, ist R = 8310, gleichgültig, welches die chemische Natur des Gases ist.

**44. Ausdehnungskoeffizient** einer Flüssigkeit ist die Volumänderung eines Kubikmeters in cbm pro Grad, z. B. für Wasser = 0,00018, für Quecksilber 0,000181 bei 15°.

Der **lineare** Ausdehnungskoeffizient fester Körper ist die Zunahme der Länge in m pro m für 1° Temperaturzunahme, z. B. für Eisen $14 \cdot 10^{-6}$, für Messing $22{,}2 \cdot 10^{-6}$. Der **kubische** Ausdehnungskoeffizient ist das 3fache des linearen.

**45. Wärmeeinheit und spezifische Wärme.** Die Wärmemenge, welche nötig ist, 1 kg Wasser um 1° (speziell von $14\frac{1}{2} - 15\frac{1}{2}°$) zu erwärmen, ist 1 Kalorie. Um diese Erwärmung durch Reibung zu bewirken, muß die Energiemenge 4189 Joule, aufgewandt werden, also ist 1 Kalorie = 4189 Joule. Die für 1 kg einer andern Substanz zur Erwärmung um 1° nötige Zahl Kalorien wird deren spezifische Wärme genannt. Sie ist z. B. für Eisen 0,11.

**46. Bewegungsenergie.** Das Maß der Bewegungsenergie eines Körpers von der Masse m Kilogramm und der Geschwindigkeit v Meter pro Sekunde ist $\dfrac{m \cdot v^2}{2}$ Joule.

**47. Zentrifugalkraft.** Ist m die Masse des Körpers in kg, r der Radius der Bahn in m, T die Dauer eines Umlaufs in Sekunden, $\omega$ die Winkelgeschwindigkeit in Radianten pro sec. und c die Peripheriegeschwindigkeit in m pro sec., so ist die Zentrifugalkraft $p = m \cdot \dfrac{4\pi^2 \cdot r}{T^2} = m \cdot \dfrac{c^2}{r} = m \cdot r \cdot \omega^2$ Dezimegadynen.

48. **Energie eines Schwungrades.** Kommt nur der Radkranz vom Radius r Meter und der Masse m Kilogramm in Betracht, so ist die Energie $m \cdot r^2 \cdot \frac{\omega^2}{2}$ Joule. Das Produkt $mr^2$ $\left(\text{Analogon der Masse in } m \cdot \frac{v^2}{2}\right)$ heißt das **Trägheitsmoment**. Für eine beliebige Masse gibt es einen sogenannten „Trägheitsradius", der sich, wenn die Masse m aus einzelnen Massen $\mu$ im Abstande $\varrho$ von der Drehachse besteht, bestimmt zu

$$R = \sqrt{\frac{\Sigma \mu \varrho^2}{m}} \text{ Meter,}$$

derart, daß die Energie wieder durch obigen Ausdruck gemessen wird, wenn man $r = R$ setzt. Für eine Kreisscheibe von 1 Meter Radius beispielsweise ist

$$\Sigma \mu \varrho^2 = \frac{1}{2} m \cdot l^2,$$

also die Energie $m \cdot \frac{l^2 \cdot \omega^2}{4}$ Joule.

49. **Beschleunigung bei Übertragung der Bewegung.** Erfährt die Masse m durch eine Kraft die Beschleunigung g, so erzeugt, falls sie mit einer zweiten Masse M verbunden wird, dieselbe Kraft nur noch die Beschleunigung

$$g' = g \cdot \frac{m}{M+m} \text{ Meter pro Sek. pro Sekunde.}$$

Ist R der Radius eines Radkranzes in Metern, M dessen Masse in kg, P die treibende Kraft in Dezimegadynen, so ist die Winkelbeschleunigung in Radianten pro Sek.

$$\varepsilon = \frac{P}{M \cdot R} = \frac{P \cdot R}{M \cdot R^2},$$

d. h. gleich dem Verhältnis von Drehmoment zu Trägheitsmoment (Analogon von g in $g = p/m$).

50. **Reibung der Bewegung.** Bei konstanter Reibung ist für die Kraft in § 49 u. 50 die Differenz der

treibenden Kraft und der Reibung zu setzen. Im allgemeinen wächst die Reibung mit der Geschwindigkeit, so daß schließlich die Beschleunigung Null wird und stationäre Bewegung eintritt.

51. **Kraftübertragung.** Ist v die Geschwindigkeit des stationär laufenden Riemens in Metern pro Sek., $T_1$ die Spannung der auflaufenden Riemenhälfte in Dezimegadynen, $T_2$ die der ablaufenden, so ist der übertragene Effekt $v \cdot (T_1 - T_2)$ Watt.

52. **Schwingungsdauer.** Die Umlaufsdauer eines einfachen konischen Pendels oder die Schwingungsdauer eines ebenen Pendels beträgt

$$T = 2\pi \sqrt{\frac{l}{g}} \text{ Sekunden.}$$

Für ein zusammengesetztes Pendel ist, wenn $\varepsilon$ die Winkelbeschleunigung, $\Sigma m r^2$ das Trägheitsmoment und $\Sigma p r = g \cdot \Sigma m r$ das größte Drehungsmoment bedeuten,

$$T = 2\pi \sqrt{\frac{1}{\varepsilon}} = 2\pi \sqrt{\frac{\Sigma m r^2}{g \cdot \Sigma m r}} \text{ Sekunden.}$$

Für ein beliebiges Pendel ist

$$T = 2\pi \sqrt{\frac{m}{f}} \text{ Sekunden,}$$

wenn m die Masse in kg und f die Kraft, welche die Elongation 1 Meter erzeugt.

Für ein Torsionspendel ist

$$T = 2\pi \sqrt{\frac{\Sigma m r^2}{P_1}} \text{ Sekunden,}$$

wenn $\Sigma m r^2$ das Trägheitsmoment in m und kg und $P_1$ die Kraft in Dezimegadynen, welche am Hebelarm 1 m wirkend die Drillung 1 Radiant erzeugt. Beispielsweise ist für einen einfachen Draht von der Länge L Meter, dem Querschnittsradius $\varrho$ Meter und dem Schubmodul F Dezimegadynen pro qm die Kraft

$$P_1 = \frac{F \cdot \pi \cdot \varrho^4}{2L} \text{ Dezimegadynen.}$$

Für Messing ist $F = 2650 \cdot 10^6$ Dezimegadynen pro qm, was umgekehrt aus der Schwingungsdauer sich ergibt, wenn z. B. als schwingende Masse eine Kreisscheibe von M kg und dem Radius 1 Meter benutzt wird, für welche

$$\Sigma mr^2 = \frac{1}{2} M \cdot 1^2.$$

53. **Gespannte Saiten.** Die Schwingungsdauer ist

$$T = 2l \sqrt{\frac{\mu}{s}} \text{ Sekunden;}$$

wenn l die Länge der Saite in Metern, $\mu$ das Gewicht von 1 Meter in Kilogrammen, s die Spannung in Dezimegadynen. Ist $\lambda$ die Länge einer fortschreitenden Welle in m, P die Schwingungsdauer in Sekunden, so beträgt die Fortpflanzungsgeschwindigkeit

$$v = \frac{\lambda}{T} = \lambda \cdot n \text{ Meter pro Sekunde.}$$

Ist $\alpha$ die Amplitude in m, so ist die Elongation im Abstand x Meter von einem Knoten

$$y = \alpha \cdot \sin \frac{2\pi}{\lambda} \cdot x = \alpha \cdot \sin \frac{2\pi}{T} \cdot t,$$

d. h. zur Zeit t Sekunden nach Passieren der Nullage, wenn T die Schwingungsdauer in Sekunden. Für $x = \frac{\lambda}{4}$ oder $t = \frac{T}{4}$ wird $y = \alpha$ Meter.

54. **Stabschwingungen.** Ist l die Länge, h die Dicke in Metern, d die Dichte in kg pro cbm, E der Elastizitätsmodul in Dezimegadynen pro qm, so ist die Schwingungsdauer des am einen Ende befestigten Stabes

$$T = 8 \cdot \frac{l^2}{h} \sqrt{\frac{d}{E}} \text{ Sekunden}$$

für Transversalschwingungen. Für Longitudinalschwingungen, falls beide Enden fest sind oder die Mitte, ist

$$T = 2l\sqrt{\frac{d}{E}} \text{ Sekunden}$$

und die Fortpflanzungsgeschwindigkeit der Wellen, wenn $\lambda$ die Wellenlänge in m,

$$v = \frac{\lambda}{T} = \sqrt{\frac{E}{d}} \text{ Meter pro Sekunde.}$$

55. **Energie der Schwingungen.** Für ein Pendel von m Kilogramm Masse, welches pro Sekunde n Schwingungen von der Amplitude $\alpha$ Meter macht, ist die Energie, welche abwechselnd ganz in kinetische und ganz in potentielle Energie übergeht, in jedem Momente $2\pi^2 n^2 m \alpha^2$ Joule. Nahe so groß ist sie für eine Saite von der Masse m, der Schwingungszahl n und der Amplitude $\alpha$. Ist $\varrho$ die Dichte der Saite in kg pro cbm, so ist die „Intensität der (stehenden) Wellenbewegung" $2\pi^2 n^2 \varrho \alpha^2$ Joule pro Kubikmeter. Bei einer in allseitig ausgedehntem Medium sich ausbreitenden (fortschreitenden) Wellenbewegung ist die Intensität (Energie pro cbm) umgekehrt proportional dem Quadrate der Entfernung.

56. **Ausflußquantum pro Sekunde oder Stromstärke.** Sie ist, wenn q den Querschnitt der Öffnung in qm und v die Strahlgeschwindigkeit in Metern pro Sekunde bedeuten, q·v Kubikmeter pro Sekunde. Dabei ist

$$v = \sqrt{2gs},$$

wenn s die Höhe des Wasserspiegels über der Ausflußöffnung in Metern bezeichnet.

57. **Der Stromeffekt** ist bei einer Wasserstromstärke von J Kubikmeter pro Sekunde bei E Meter Gefälle $= g \cdot J \cdot E$ Watt; die Arbeit bei Entleerung eines Behälters von Q Kubikmeter Inhalt und E Meter Wasser-

stand $= \frac{1}{2} g \cdot Q \cdot E$ Joule. Um durch eine Röhre von 1 Meter Länge Wasser hineinzupumpen, ist die aufzuwendende Kraft $g \cdot \frac{E}{l}$ Dezimegadynen pro Kilogramm.

**58. Innere Reibung oder Viskosität.** Befindet sich eine Flüssigkeit zwischen zwei parallelen Flächen von f Quadratmeter Größe und h Meter Abstand, welche sich mit der Geschwindigkeit v Meter pro Sekunde parallel gegeneinander verschieben, so ist die zu dieser Verschiebung erforderliche Kraft, wenn man den Reibungskoeffizienten mit $\eta$ bezeichnet:

$$K = \eta \cdot f \cdot \frac{v}{h} \text{ Dezimegadynen.}$$

Beispielsweise ist für Sirup $\eta = 174$ Dezimegadynen pro qm bei 1 m Abstand und bei der Geschwindigkeit 1 m pro Sekunde.

**59. Durchfluß durch Kapillaren.** Das Ausflußquantum in t Sekunden beträgt bei dem wirksamen Druck von p Dezimegadynen pro qm, falls die Länge der Röhre l Meter und ihr Querschnittsradius $\varrho$ Meter ist:

$$V = \frac{\pi}{8} \cdot \frac{p}{l} \cdot \frac{\varrho^4}{\eta} \cdot t \text{ Kubikmeter.}$$

Beispielsweise ist für Wasser bei 0° der Reibungskoeffizient in obigem Maß $\eta = 0,001797$, bei 30° $= 0,000\,803$.

**60. Ohms Gesetz.** Für ein Bündel von Kapillaren, poröse Körper (wasserdurchlässiges Erdreich) usw. ist die Stromintensität $J = \frac{E}{R}$ Kubikmeter pro Sekunde, wenn E die wirksame Druckdifferenz in Dezimegadynen pro qm bedeutet und R den Widerstand, d. h. das Produkt $s \cdot \frac{1}{q}$, worin l die Länge in Metern, q der Querschnitt des Röhrenbündels in qm und s dessen spezifischer Widerstand. Besteht das Bündel (z. B. ein Docht) aus n Kapillaren von $\varrho$ Meter Radius, so ist $s = \dfrac{8 \cdot \eta}{n \cdot \varrho^2}$.

**61. Stoß und Reaktion von Flüssigkeiten.** Ist m die Masse des pro Sekunde aufstoßenden Wassers in Kilogrammen, v dessen Geschwindigkeit in m/sec., so beträgt die Stoßkraft m·v Dezimegadynen. Bei Wasserrädern ist sie m (v — c) Dezimegadynen, wenn c die Geschwindigkeit der Schaufeln in m/sec.

**62. Wasserschwingungen.** In einer U-förmigen Röhre pendle eine Wassersäule von l Meter Länge hin und her. Die Kraft, welche notwendig ist, den Ausschlag 1 Meter auf der einen Seite (also die Höhendifferenz 2 Meter) hervorzubringen, ist die Schwere einer Wassersäule von 2 m Länge, also ist die Schwingungsdauer

$$T = 2\pi \sqrt{\dfrac{l}{2g}} \text{ Sekunden.}$$

**63. Kapillarwellen.** Werden durch eine Stimmgabel von n Schwingungen pro Sekunde Wellen auf der Oberfläche einer Flüssigkeit erregt, deren Dichte s kg pro cbm beträgt, und deren Oberflächenspannung a Dezimegadynen pro Meter ist, so ist die Länge der entstehenden Wellen

$$\lambda = \sqrt[3]{\dfrac{a}{0{,}16 \cdot s \cdot n^2}} \text{ Meter.}$$

**64. Longitudinalwellen in Flüssigkeiten.** Einer Wassersäule kommt scheinbar infolge der Kompressibilität ein Elastizitätsmodul $E = \dfrac{10^{12}}{460}$ Dezimegadynen pro qm zu, die Fortpflanzungsgeschwindigkeit von Longitudinalwellen in derselben ist deshalb, wenn d die Dichte in kg pro cbm bedeutet,

$$v = \sqrt{\frac{E}{d}} = \sqrt{\frac{10^{12}}{460 \cdot 10^3}} = 1441 \text{ Meter pro Sekunde.}$$

**65. Ausströmung von Gasen bei konstanter Temperatur.** Beträgt der Druck, unter welchem das Gas ausströmt, p Dezimegadynen pro qm, die Dichte $\varrho$ kg pro cbm, so ist die Ausströmungsgeschwindigkeit

$$v = \sqrt{2 \cdot \frac{p}{\varrho}} \text{ Meter pro Sekunde (angenähert).}$$

**66. Mechanisches Wärmeäquivalent.** Die Energiemenge, welche eine Kalorie ausmacht, beträgt $\frac{R}{c_p - c_v}$ Joule, wenn R die Gaskonstante für 1 kg und $c_p$ und $c_v$ die Werte der spezifischen Wärmen desselben Gases bei konstantem Druck und konstantem Volumen bedeuten. Für Luft ist R = 287, $c_p$ = 0,237 und $c_v$ = 0,168, also wie im Fall der Reibung (§ 45)

$$\frac{R}{c_p - c_v} = 4189 \text{ Joule pro Kalorie.}$$

**67. Isothermen.** Dehnt sich ein Gas bei konstanter Temperatur $\tau$ (nach absoluter Skala) vom Druck $p_0$ bis zum Druck p aus, so ist die aufgenommene Wärmemenge

$$Q = \frac{1}{4189} \cdot R \cdot \tau \cdot \log \text{nat} \frac{p_0}{p} \text{ Kalorien.}$$

**68. Adiabaten.** Dehnt sich ein Gas aus, ohne Wärme aufzunehmen, so ist $\tau \cdot v^{k-1}$ = Konst. oder $p \cdot v^k$ = Konst. oder $\tau \cdot p^{\frac{k-1}{k}}$ = Konst., wenn k = $c_p/c_v$, p der Druck in Dezimegadynen pro qm, v das Volumen in cbm und $\tau$ die absolute Temperatur. Für Luft ist k = 1,4134.

**69. Geschwindigkeit der Luftwellen.** Der isotherme scheinbare Elastizitätsmodul eines Gases ist p, der adiabatische $\frac{c_p}{c_v} \cdot p$ Dezimegadynen pro qm, somit die Geschwindigkeit der Luftwellen nicht $= \sqrt{\frac{p}{d}}$, sondern

$$c = \sqrt{\frac{c_p \cdot p}{c_v \cdot d}} \text{ Meter pro Sekunde,}$$

wenn d die Dichtigkeit in kg pro cbm bedeutet.

**70. Ausströmung von Gasen ohne Wärmeänderung.** Ändert sich bei der adiabatischen Ausdehnung die Temperatur von $\tau_0$ auf $\tau$, so ist die Ausströmungsgeschwindigkeit

$$v = \sqrt{2 \cdot 4189 \cdot c_p (\tau_0 - \tau)} \text{ m/sec.}$$

**71. Carnots Kreisprozeß.** Ist $Q_1$ die aufgenommene Wärme in Kalorien, $\tau_1$ die absolute Temperatur, bei welcher sie aufgenommen wurde, $\tau_2$ die Temperatur der Wärmeabgabe, so ist die bei einem Spiel der Maschine geleistete bezw. bei umgekehrtem Betrieb verbrauchte Arbeit im günstigsten Fall

$$L = 4189 \cdot \frac{Q_1}{\tau_1} (\tau_1 - \tau_2) \text{ Joule.}$$

**72. Umwandlungswärme.** Ändert sich die Umwandlungstemperatur um $d\tau$, wenn sich der Druck um $dp$ Dezimegadynen pro qm ändert, ist ferner die Umwandlungswärme $= r$ Kalorien pro kg und die Volumänderung u Kubikmeter pro kg, so ist

$$r = \frac{\tau \cdot u}{4189} \cdot \frac{dp}{d\tau} \text{ Kalorien pro kg.}$$

Beispielsweise ist die Verdampfungswärme für Wasser bei $100^0$ $r = 536{,}5$ Kalorien, $u = 1{,}658 - 0{,}001 = 1{,}657$ cbm, also für $d\tau = 1^0$

$$dp = \frac{4189 \cdot 536{,}5}{373 \cdot 1{,}657} = 1365 \text{ Dezimegadynen pro qm}$$

$= 27{,}17$ mm Quecksilber. Die Dampftension beträgt

also bei 101° 787,17 mm. Ist $r_m$ die Verdampfungswärme pro Kilogrammol und p die Dampftension in Dezimegadynen pro qm bei der absoluten Temperatur $\tau$, so ist

$$r_m = 2\,\tau^2 \cdot \frac{d \log \mathrm{nat}\, p}{d\,\tau} \text{ Kalorien pro Kilogrammol.}$$

Dies ist die Differentialgleichung der Dampftensionskurve. Die Verdampfungswärme $r_m$ ist nicht konstant, sondern nimmt mit steigender Temperatur ab und wird bei der kritischen Temperatur Null.

Für die Schmelzung des Eises ist r = 80,3 Kalorien, u = 0,001000 — 0,001091, $\tau$ = 273, somit die Änderung der Schmelztemperatur bei Druckzunahme um dp Dezimegadynen pro qm: $d\tau = -0,0845 \cdot 10^{-6} \cdot dp$ Grad.

73. **Reaktionsisotherme** (Massenwirkung). Sind die Molekular-Konzentrationen der bei einer Reaktion verschwindenden Stoffe $c_1$, $c_2$, $c_3$ . . . Kilogrammol pro cbm, die Zahlen der an der Reaktion beteiligten Moleküle $n_1$, $n_2$, $n_3$ . . ., ferner die Konzentrationen und Molekülzahlen für die entstehenden Stoffe $c_1'$, $c_2'$, $c_3'$ . . . bezw. $n_1'$, $n_2'$, $n_3'$ . . ., so tritt Gleichgewicht bei konstanter Temperatur ein, wenn $\dfrac{c_1'^{n_1'} \cdot c_2'^{n_2'} \cdot c_3'^{n_3'} \cdots}{c_1^{n_1} \cdot c_2^{n_2} \cdot c_3^{n_3} \cdots} = K$, wobei K eine Konstante, die als „Gleichgewichtskonstante" bezeichnet wird und gleich dem Verhältnis der Reaktionsgeschwindigkeiten im einen und andern Sinne ist. Im Falle der Dissoziation von Gasen wird sie auch Dissoziationskonstante genannt. Das Verhältnis der Konzentrationen ist hier das der Partialdrucke.

74. **Reaktionsisochore** (Chemische Kinetik). Ändert sich die Temperatur, so verschiebt sich das Gleichgewicht unter Aufnahme von Wärme, d. h. die Gleichgewichtskonstante ändert sich mit der Temperatur. Beträgt die Reaktionswärme $q_m$ Kalorien pro

Kilogrammol und die Temperatur nach absoluter Skala $\tau$ Grad, so ist

$$q_m = 2\,\tau^2 \cdot \frac{d \log \operatorname{nat} K}{d\,\tau} \text{ Kalorien pro Kilogrammol,}$$

entsprechend der Gleichung für die Dampftensionskurve (§ 72).

**75. Wärmeleitung.** Ist J die Anzahl der durch einen Querschnitt pro Sekunde hindurchtretenden Kalorien (die Intensität des Wärmestroms), E die Temperaturdifferenz, so ist

$$J = \frac{E}{R} \text{ Kalorien pro Sekunde,}$$

wenn R der Widerstand (das Reziproke des Wärmeleitungsvermögens) ist, nämlich

$$R = \frac{1}{\eta} \cdot \frac{l}{q},$$

worin bedeuten: q den Querschnitt in Quadratmetern, l die Dicke der Schicht und $\eta$ das spezifische Wärmeleitungsvermögen, welches z. B. für Eisen = 0,0015 Kalorien pro qm u. sec bei 1 Grad Temperaturdifferenz und 1 m Schichtdicke. Für Glas ist dasselbe nur 0,00001.

**76. Elektrizitätsmenge.** Zwei elektrische Massen von $m_1$ und $m_2$ Coulomb wirken aufeinander im Abstand 1 Meter mit der Kraft $k = 9 \cdot 10^9 \cdot \frac{m_1 \cdot m_2}{r^2}$ Dezimegadynen, d. h. 1 Coulomb ist diejenige Elektrizitätsmenge, welche auf eine gleiche im Abstand 1 Meter die Kraft $9 \cdot 10^9$ (9 Milliarden) Dezimegadynen = 900 Megamegadynen ausübt (nicht absolut genau).

**77. Elektrische Spannung.** Die potentielle Energie der Masse m Coulomb im Felde der Massen $m_1$, $m_2$, $m_3$ ... Coulomb in den Abständen $r_1$, $r_2$, $r_3$ ... Meter ist $9 \cdot 10^9 \left( \frac{m_1}{r_1} + \frac{m_2}{r_2} + \frac{m_3}{r_3} + \ldots \right)$ m Joule.

Das Potential V ist die potentielle Energie der Masse $\frac{1}{9 \cdot 10^9}$ Coulomb, somit $V = \frac{m_1}{r_1} + \frac{m_2}{r_2} + \frac{m_3}{r_3} \ldots$ Joule pro $\frac{1}{9 \cdot 10^9}$ Coulomb.

Die potentielle Energie der Masse 1 Coulomb ist die elektrische Spannung an der betreffenden Stelle, gemessen in Volt. Sie ist $9 \cdot 10^9 \left(\frac{m_1}{r_1} + \frac{m_2}{r_2} + \frac{m_3}{r_3} + \ldots\right)$ $= 9 \cdot 10^9$ V Joule pro Coulomb oder $9 \cdot 10^9$ V Volt.

Hiernach herrscht an einer Stelle des elektrischen Feldes die Spannung 1 Volt, wenn dort die Elektrizitätsmenge 1 Coulomb die potentielle Energie 1 Joule besitzt, d. h. wenn sie im Fall der Abstoßung mit solcher Kraft fortgetrieben wird, daß man die mechanische Arbeit 1 Joule gewinnen könnte, oder daß zum Heranschieben aus großer Entfernung die Arbeit 1 Joule aufgewendet werden müßte. Ist nur eine wirksame Masse von 1 Coulomb vorhanden, so beträgt die Spannung im Abstand 1 Meter 9 Milliarden Volt, im Abstand 9 Milliarden Meter 1 Volt. Im Abstand 1 Meter von der Masse 0,2 Mikrocoulomb ($0{,}2 \cdot 10^{-6}$ Coulomb) ist die Spannung 1800 Volt, in 0,5 Meter Abstand 3600 Volt, in 2 Meter 900 Volt usw.

**78. Elektrische Feldstärke.** Dieselbe ist die Kraft H in Dezimegadynen, welche auf die Masse $\frac{1}{9 \cdot 10^9}$ Coulomb ausgeübt wird, so daß auf eine beliebige Masse m Coulomb die Kraft wirkt:

$$K = 9 \cdot 10^9 \cdot H \cdot m \text{ Dezimegadynen.}$$

Bei Verschiebung um die Strecke $ds$, wobei sich die Spannung um $dE$ Volt ändert, ist die geleistete Arbeit $K \cdot ds = -dE \cdot m$ Joule, somit ist auch $K =$

$-\dfrac{d\,E}{d\,s}\cdot m$ und $H = -\dfrac{d\,V}{d\,s}$ oder $V = \int_s^0 H\,d\,s$, d. h. das Potential ist das Linienintegral der Feldstärke.

**79. Spannung auf einem Konduktor.** Die Spannung auf einer Kugel vom Radius R Meter, welche mit Q Coulomb geladen ist, beträgt $9\cdot 10^9 \dfrac{Q}{R}$ Volt. Wäre beispielsweise R = 0,1 Meter, Q = 1 Mikrocoulomb, so wäre E = 90 000 Volt. Für $Q = 0{,}2\cdot 10^{-6}$ Coulomb ergibt sich E = 18 000 Volt.

**80. Elektrische Energie der Ladung.** Ist die Ladung eines Konduktors Q Coulomb, die Spannung auf demselben E Volt, so ist die aufgespeicherte elektrische Energie $\dfrac{1}{2}\cdot E\cdot Q$ Joule, z. B. für $Q = 0{,}2\cdot 10^{-6}$ Coulomb und E = 18 000 Volt 0,0018 Joule, somit die Entladungswärme $\dfrac{0{,}0018}{4189} = 0{,}43\cdot 10^{-6}$ Kalorien.

**81. Kapazität.** Für eine Kugel ist $Q = \dfrac{R}{9\cdot 10^9}\cdot E = C\cdot E$ Coulomb. Bei 1 Volt Spannung ist die Ladung $= C = \dfrac{R}{9\cdot 10^9}$ Coulomb oder: die Kapazität der Kugel $C = \dfrac{R}{9\cdot 10^9}$ Farad. Ebenso ist für jeden Konduktor $Q = C\cdot E$, wenn C die Ladung bei 1 Volt Spannung, d. h. die Kapazität in Farad bedeutet. Die Kapazität einer Kugel von 0,1 Meter Radius ist hiernach $= \dfrac{1}{90}$ Millimikrofarad $\left(\dfrac{1}{90}\cdot 10^{-9}\text{ Farad}\right)$. Die Kapazität der Erdkugel ist 707 Mikrofarad. Der Radius einer Kugel mit 1 Farad Kapazität müßte 9 Milliarden Meter betragen, d. h. etwa 700 mal so viel als der Erdradius.

**82. Elektrische Flächendichte** ist die Anzahl Coulomb pro qm, z. B. für eine Kugel vom Radius R Meter bei Q Coulomb Ladung $h = \dfrac{Q}{4\pi R^2}$ Coulomb pro qm. Läßt man von je $\dfrac{1}{4\pi}$ Coulomb 1 Kraftlinie ausgehen, so ist die durch 1 Quadratmeter Niveaufläche an einer beliebigen Stelle des Feldes hindurchtretende Zahl Kraftlinien gleich der Feldintensität daselbst. Dieser Satz gilt allgemein für jedes elektrische Feld.

**83. Kondensatoren.** Die Kapazität eines Luftkondensators von F Quadratmeter belegter Fläche und $\delta$ Meter Plattenabstand beträgt $\dfrac{F}{9 \cdot 10^9 \cdot 4\pi\delta}$ Farad. Für ein anderes Dielektrikum ist die Kraftlinienzahl zwischen den Platten und demgemäß auch die Kapazität $\eta$ mal größer, wenn $\eta$ die Dielektrizitätskonstante. Diese ist z. B. für Glas 4—7, für Guttapercha 2,5.

**84. Spezifische elektrische Energie.** Die in einem Kondensator aufgespeicherte Energie ist

$$\frac{1}{2}\cdot E\cdot Q = \frac{1}{2}C\cdot E^2 = \frac{1}{2}\cdot\frac{Q^2}{C} = \frac{9\cdot 10^9 \cdot v \cdot H^2}{8\pi\cdot\eta}\text{ Joule,}$$

wenn H die Feldstärke im Dielektrikum und v das Volumen desselben bedeuten. Demnach ist die Energie pro Volumeinheit (die spezifische elektrische Energie) = $\dfrac{9\cdot 10^9 \cdot H^2}{8\pi\cdot\eta}$ Joule pro cbm.

**85. Stromstärke und Stromarbeit.** Geben bei einer Elektrophormaschine pro Sekunde n Elektrophordeckel ihre Ladung von Q Coulomb positiver Elektrizität an die Leitung ab, so ist die pro Sekunde durch jeden Querschnitt fließende Elektrizitätsmenge, d. h. die Stromstärke, $J = n\cdot Q$ Ampere, denn die Stromstärke ist 1 Ampere, wenn pro Sekunde 1 Coulomb hindurchfließt.

Da stets beide Elektrizitäten in gleicher Menge entstehen, ist selbstverständlich, daß gleichzeitig ebensoviel negative Elektrizität produziert wird, mit welcher sich die die Leitung durchfließende positive am Ende der Leitung wieder vereinigt. Würde pro Sekunde $\frac{1}{2}$ (bezw. $\frac{1}{n}$) Coulomb positiver Elektrizität durch die Leitung fließen und gleichzeitig $\frac{1}{2}$ (bezw. $1 - \frac{1}{n}$) Coulomb negativer im entgegengesetzten Sinn, so wäre die Stromstärke ebenfalls 1 Ampere.

Die **Stromarbeit** pro Sekunde oder der **Effekt** beträgt $E \cdot J$ Watt, wenn E die Spannungsdifferenz an den Enden der Leitung in Volt und J die Stromstärke in Ampere ist.

86. **Widerstand.** Die Spannungsdifferenz E an den Enden eines Leiters von 1 Meter Länge und q Quadratmeter Querschnitt ist

$$E = R \cdot J \text{ Volt}$$

oder der Widerstand des Leiters

$$R = \frac{E}{J} \text{ Ohm} = s \cdot \frac{1}{q} \text{ Ohm,}$$

wenn s der „spezifische Widerstand". Letzterer ist z. B. für Kupfer $1{,}65 \cdot 10^{-8}$ Ohm pro Meter und Quadratmeter. Die Einheit des Widerstandes, 1 Ohm, d. h. einen Widerstand, bei welchem die Spannung 1 Volt die Stromstärke 1 Ampere bedingt, hat z. B. eine Quecksilbersäule von 1,06 m Länge und $10^{-6}$ qm Querschnitt. Die **Stromarbeit** pro Sekunde in einem Leiter von R Ohm beträgt $R \cdot J^2$ Watt.

Besteht eine Leitung aus verschiedenen Stücken von den Längen $l_1, l_2, l_3 \ldots$ Meter, den Querschnitten $q_1, q_2, q_3 \ldots$ Quadratmeter und den spezifischen Widerständen $s_1, s_2, s_3 \ldots$, so ist

$$J = \frac{E}{s_1 \cdot \frac{l_1}{q_1} + s_2 \cdot \frac{l_2}{q_2} + s_3 \cdot \frac{l_3}{q_3} + \ldots} \text{ Ampere.}$$

**87. Elektrolyse.** Zur Ausscheidung von 1 kg Wasserstoff sind 96 540 000 Coulomb nötig, d. h. soviel positive Elektrizität wird an der Kathode abgegeben und ebensoviel negative muß derselben zugeleitet werden. 1 Coulomb scheidet also $0{,}01044 \cdot 10^{-6}$ kg (rund 0,01 mg) Wasserstoff aus. Diese Zahl heißt das elektrochemische Äquivalent des Wasserstoffs. Von Silber werden ausgeschieden $107{,}66 \cdot 0{,}01044 \cdot 10^{-6} = 1{,}118 \cdot 10^{-6}$ Kilogramm, von einwertigem Kupfer

$$63{,}2 \cdot 0{,}01044 \cdot 10^{-6} = 0{,}656 \cdot 10^{-6} \text{ kg,}$$

von zweiwertigem

$$\frac{63{,}2}{2} \cdot 0{,}01044 \cdot 10^{-6} = 0{,}328 \cdot 10^{-6} \text{ kg,}$$

von zweiwertigem Zinn

$$\frac{118{,}8}{2} \cdot 0{,}01044 \cdot 10^{-6} = 0{,}617 \cdot 10^{-6} \text{ kg,}$$

von vierwertigem

$$\frac{118{,}8}{4} \cdot 0{,}01044 \cdot 10^{-6} = 0{,}309 \cdot 10^{-6} \text{ kg.}$$

**88. Elektromotorische Kraft galvanischer Elemente.** Die elektromotorische Kraft eines Elementes sei E Volt, die Stromstärke J Ampere, also der Effekt $E \cdot J$ Watt. Die durch J Ampere pro Sekunde zur Auflösung gebrachte Zinkmenge beträgt

$$\frac{65{,}1}{2} \cdot 0{,}01044 \cdot 10^{-6} \cdot J = 0{,}338 \cdot 10^{-8} \cdot J \text{ Kilogramm.}$$

Nun beträgt die Verbindungswärme von 1 Kilogramm Zink mit der erforderlichen Menge Schwefelsäure unter Entbindung von freiem Wasserstoff 620 Kal., somit die verbrauchte chemische Energie

$$0{,}338 \cdot 10^{-8} \cdot 620 \cdot J \cdot 4189 \text{ Joule.}$$

— 34 —

Dieselbe ist im allgemeinen gleich $E \cdot J$ Joule, also
$$E = 0{,}89 \text{ Volt.}$$
Die Regel trifft nicht genau zu, wenn die chemische Energie nur teilweise in Wärme umgewandelt wird, oder wenn außer der chemischen Energie auch Wärme verschwindet.

89. **Galvanische Polarisation oder Zersetzungsspannung.** Die Polarisationsspannung sei x Volt, die Stromstärke i Ampere, also die Arbeit pro Sekunde $x \cdot i$ Watt. Da 1 Ampere pro Sekunde $\frac{1}{96\,540\,000}$ kg Wasserstoff ausscheidet, und die Verbrennungswärme von 1 kg Wasserstoff = 34 000 Kalorien ist, beträgt die erzeugte chemische Energie $\frac{i \cdot 34\,000 \cdot 4189}{96\,540\,000}$ Joule pro Sekunde. Da sie gleich $x \cdot i$ sein muß, folgt $x = 1{,}4$ Volt.

90. **Elektrische Masse der Elektronen.** Da zur Ausscheidung von 1 Kilogramm Wasserstoff, d. h. von $640 \cdot 10^{24}$ (640 Quadrillionen) Wasserstoffatomen, 96 540 000 Coulomb erforderlich sind, erscheint 1 Wasserstoffatom beladen mit der Elektrizitätsmenge
$$\frac{96\,540\,000}{640 \cdot 10^{24}} = 0{,}156 \cdot 10^{-18} \text{ Coulomb.}$$
Dies nennt man das „Elementarquantum". Mit ebensoviel Elektrizität ist jedes andere einwertige Atom verbunden, ein 2, 3, 4 ... wertiges mit der 2, 3, 4 ... fachen Menge, der sogen. „Valenzladung". Man schließt hieraus, daß das Elementarquantum die kleinste herstellbare Elektrizitätsmenge, ein Elektron, darstelle, und Ionen Verbindungen materieller Atome mit solchen Elektrizitätsatomen oder Elektronen seien.

91. **Molekulare Leitfähigkeit.** Ist der spez. Widerstand einer Lösung s Ohm pro Meter und qm, so

ist die spezifische Leitfähigkeit $\frac{1}{s}$ Mho pro m und qm.
Enthält die Lösung $\eta$ Kilogramm-Mol gelöste Substanz pro cbm (Äquivalent- oder Molekularkonzentration der Lösung), so wäre die spefizische Leitfähigkeit einer Lösung, welche nur 1 kg-Mol pro cbm enthielte, genügende Verdünnung vorausgesetzt,

$$\frac{1}{s \cdot \eta} = \varLambda.$$

Dieser Wert heißt das „Äquivalentleitvermögen" oder die „molekulare Leitfähigkeit". Für 8%ige $CuSO_4$-Lösung ist

$$\varLambda = \frac{1}{0{,}248 \cdot 0{,}48} = 7{,}6 \text{ Mho pro kg-Mol im cbm.}$$

Die molekulare Leitfähigkeit ist dem Dissoziationsgrad $\alpha$ proportional, und dieser ist $= \varLambda/\varLambda\infty$, wenn $\varLambda\infty$ den Wert für unendliche Verdünnung bedeutet. Beispielsweise ist für Chlorkaliumlösung

für $\eta = 10^{-7}$    $\varLambda = 129{,}1$    $\alpha = 0{,}987$
für $\eta = 10^{-3}$    $\varLambda = 98{,}3$    $\alpha = 0{,}748$,

d. h. es sind im ersten Fall 98,7%, im andern nur 74,8% aller gelösten Moleküle dissoziiert.

**92. Überführung und Ionenwanderung.** Bei Zersetzung von 1 Kilogramm-Mol $CuSO_4$ scheiden sich aus: an der Kathode 1 kg-Mol Cu, an der Anode 1 kg-Mol $SO_4$, gleichzeitig verschwinden in der Lösung: an der Kathode $^2/_3$ kg-Mol $CuSO_4$, an der Anode $^1/_3$ kg-Mol $CuSO_4$, somit sind nach der Elektrolyse an der Kathode $^1/_3$ Cu mehr, $^2/_3$ $SO_4$ weniger; an der Anode $^2/_3$ $SO_4$ mehr, $^1/_3$ Cu weniger als zuvor, oder $^1/_3$ Cu ist von der Anode zur Kathode gewandert, während gleichzeitig $^2/_3$ $SO_4$ im umgekehrten Sinn gewandert sind. Die

Wanderungsgeschwindigkeiten V und U von Anion und Kation verhalten sich also wie $^2/_3 : ^1/_3$. Allgemein ist
$$V : U = n : (1-n),$$
wenn n die „Überführungszahl" des Anions bedeutet.

Ist $\eta$ die Molekularkonzentration, d. h. die Anzahl kg-Mol pro cbm, so kommen pro qm Kathodenfläche pro Sekunde hinzu $V \cdot \eta$ kg-Mol Kationen, ferner werden $U \cdot \eta$ kg-Mol Kationen frei infolge davon, daß ebensoviel Anionen nach der entgegengesetzten Richtung sich verschieben. Die gesamte an der Kathode frei werdende Elektrizitätsmenge beträgt also
$$(V \cdot \eta + U \cdot \eta) \cdot 96\,540\,000 \cdot w \text{ Coulomb},$$
wenn w die Wertigkeit der Ionen (im Falle von $CSO_4 = 2$) bedeutet. Ist der Querschnitt des Elektrolyten 1 qm, die Länge 1 m, die Spannungsdifferenz der Elektroden 1 Volt, der spezifische Widerstand s Ohm pro m und qm, so ist die Stromstärke
$$\frac{1}{s} = (V + U)\,\eta \cdot 96\,540\,000 \cdot w \text{ Ampere},$$
somit, da
$$V : U = n : (1-n) \text{ und } \mathit{\Delta} = \frac{1}{s \cdot \eta},$$
$$U = \frac{\mathit{\Delta}\,(1-n)}{w \cdot 96\,540\,000} \text{ m/sec.}$$
$$V = \frac{\mathit{\Delta} \cdot n}{w \cdot 96\,540\,000} \text{ m/sec.}$$
oder für 8%ige $CuSO_4$-Lösung, da
$$w = 2, \; n = {}^1/_3, \; \mathit{\Delta} = 7{,}6,$$
$U = 0{,}000\,000\,272$ m/sec.   $V = 0{,}000\,000\,136$ m/sec.

Trotz dieser geringen Geschwindigkeit ist die **treibende Kraft** sehr groß, sie beträgt für 1 kg-Mol
$$\frac{E}{l} \cdot m = 2 \cdot 96\,540\,000 \text{ Dezimegadynen},$$
da $E = 1$ Volt und der Abstand $l = 1$ Meter.

**93. Konzentrationselemente.** Zwei ungleich konzentrierte Kupfervitriollösungen seien übereinandergeschichtet. Bringt man Kupferplatten hinein, so nehmen diese eine Spannungsdifferenz e Volt an, weil die Anionen rascher diffundieren als die Kationen. Verbindet man sie durch einen Draht, so entsteht ein Strom von der Stärke i Ampere, welcher in t Sekunden die Arbeit $e \cdot i \cdot t$ Joule leistet. $i \cdot t$ ist die durchgegangene Elektrizitätsmenge in Coulomb, also, wenn gerade 1 kg-Mol Cu an der einen Kupferplatte abgeschieden, an der andern aufgelöst wurde $= 2 \cdot 96\,540\,000$ Coulomb. Für eine geringe Ionenverschiebung, welche Änderung von e um de bedingt, ist die Stromarbeit entsprechend

$$de \cdot 2 \cdot 96\,540\,000 \text{ Joule.}$$

Diese Arbeit wird vom osmotischen Druck geleistet, welcher gleich dem Gasdruck derselben Quantität Materie bei gleicher Konzentration ist, also pro kg-Mol $p = R \cdot \dfrac{\tau}{v}$ $= 8310 \cdot \dfrac{\tau}{v}$ Dezimegadynen pro qm, wenn v das Volumen in cbm, in welchem 1 kg-Mol $CuSO_4$ aufgelöst ist, und $\tau$ die absolute Temperatur bedeutet. Bei der angenommenen kleinen Ionenverschiebung ändert sich die Konzentration, also auch v, letzteres um dv, und die geleistete Arbeit ist (wie bei der Expansion eines Gases)

$$p \cdot dv = R \cdot \tau \cdot \frac{dp}{p} = 8310 \cdot \tau \cdot \frac{dv}{v} = de \cdot 2 \cdot 96\,540\,000$$

Joule, somit, falls die Konzentrationen der beiden Lösungen $c_1$ und $c_2$ sind, welche sich umgekehrt wie die Volumina $v_1$ und $v_2$ verhalten,

$$e = \frac{8310 \cdot 2{,}303}{2 \cdot 96\,540\,000} \cdot \tau \cdot \log \frac{c_1}{c_2} \text{ Volt.}$$

Z. B. wird für $18^0$ und $\dfrac{c_1}{c_2} = 100$, $e = 0{,}058$ Volt.

94. **Thermoelektrizität.** Bei Erwärmung der Lötstelle von Wismut und Antimon um 1° tritt eine elektromotorische Kraft $E = 100 \cdot 10^{-6}$ Volt auf. Sendet man durch die Lötstelle einen Strom von J Ampere, so tritt, je nachdem derselbe im Sinne des Thermostroms oder entgegengesetzt fließt, eine Abkühlung oder Erwärmung auf, und zwar ist die Wärmemenge pro Sekunde $\dfrac{E \cdot J}{4189}$ Kalorien.

95. **Polstärke.** Nach Clausius nennt man 1 Weber[1]) diejenige Menge Magnetismus, welche eine gleichgroße im Abstand 1 Meter beeinflußt mit der Kraft $10^7$ Dezimegadynen = 1 Megamegadyne. Somit ist die Kraft zwischen $m_1$ und $m_2$ Weber im Abstand r Meter

$$K = 10^7 \cdot \frac{m_1 \cdot m_2}{r_2} \text{ Dezimegadynen.}$$

96. **Feldstärke** ist die Kraft auf die magnetische Masse $10^{-7}$ Weber (= 1 Dezimikroweber). Nennt man dieselbe H, so ist die Kraft auf einen Pol von m Weber Stärke

$$K = 10^7 \cdot H \cdot m \text{ Dezimegadynen.}$$

Für einen einzigen wirkenden Pol von der Stärke $m_1$ Weber ist $H = \dfrac{m_1}{r_1^2}$ Dezimegadynen pro Dezimikroweber. Die Horizontalintensität des Erdmagnetismus beispielsweise ist $0,2 \cdot 10^{-4}$ Dezimegadynen pro Dezimikroweber (Dekakilogauß) in Karlsruhe.

97. **Potentielle Energie eines Magnetpols.** Ebenso wie im Falle der Elektrizität ist die potentielle Energie der magnetischen Masse m Weber im Felde

---

[1]) Die gewöhnlich gebrauchte CGS-Einheit ist $10^{-8}$ Weber, d. h. 1 Zentimikroweber.

der Massen $m_1, m_2, m_3 \ldots$ Weber in den Abständen $r_1, r_2, r_3 \ldots$ Meter $= 10^7 \cdot V \cdot m$ Joule, wenn

$$V = \frac{m_1}{r_1} + \frac{m_2}{r_2} + \frac{m_3}{r_3} + \cdots$$

**98. Magnetische Flächendichte und Kraftlinien.** Einheit der Flächendichte ist eine Dichte von 1 Weber pro qm. Zieht man Kraftlinien so, daß am Fußpunkt jeder sich $\frac{1}{4\pi}$ Weber befinden, also auf m Weber $4\pi$ m Kraftlinien kommen, so ist die Zahl der Kraftlinien, welche durch 1 qm Niveaufläche hindurchgehen, die Feldstärke an der betreffenden Stelle. Dieser Satz gilt für jedes beliebige Magnetfeld.

**99. Magnetische Permeabilität.** In weichem Eisen wird durch ein Magnetfeld Magnetismus influenziert, welcher der Feldstärke proportional ist, also pro qm $= \varkappa \cdot H$ Weber, wobei $\varkappa$ als „Magnetisierungskonstante" oder „magnetische Suszeptibilität" bezeichnet wird. Zu der vorhandenen Kraftlinienzahl H pro qm kommen also infolge der Influenz, da von jedem Weber $4\pi$ Kraftlinien ausgehen, noch $4\pi\varkappa \cdot H$ Kraftlinien hinzu, so daß deren Gesamtzahl nunmehr $H + 4\pi\varkappa \cdot H = \mu H$ beträgt. Dieses Produkt ist die sogen. „magnetische Induktion", $\mu$ die „magnetische Permeabilität". Die letztere ist keine wirkliche Konstante, denn mit steigendem H nähert sich der influenzierte Magnetismus einem Sättigungswert, so daß im Maximum $\mu \cdot H$ etwa $= 2$ wird. Für Schmiedeisen ist z. B. bei

$$H = 10^{-4} \qquad \mu = 3710,$$

dagegen bei

$$H = 10^{-2} \qquad \mu = 17\,200.$$

Im erdmagnetischen Felde würde eine Schmiedeisenmasse in der Richtung der Magnetnadel Pole annehmen, welche pro qm 0,0340 Weber enthielten.

**100. Tragkraft eines Magneten.** Beträgt die anziehende Polfläche bezw. Ankerfläche A qm, die (durch Influenz vergrößerte) Polstärke m Weber, so ist, wenn keine Kraftlinienstreuung eintritt, die Anziehungskraft

$$10^7 \cdot 2\pi \cdot \frac{m^2}{A^2} \text{ Dezimegadynen.}$$

Die Tragkraft eines Hufeisenmagneten ist die doppelte.

**101. Das Magnetfeld eines Stromes.** Ein Pol von m Weber Stärke in r Meter Abstand von einem unendlich langen geradlinigen Stromleiter sucht um diesen zu kreisen mit der Kraft $2 \cdot \frac{m \cdot i}{r}$ Dezimegadynen, wenn i die Stromstärke in Ampere bedeutet. Biegt man den Stromleiter zu einem Kreisring vom Radius r zusammen, so ist die Kraft $\pi$ mal so groß. Ein Kreisbogen von der Länge 1 Meter oder angenähert ein gerades Stück von dieser Länge wirkt mit der Kraft

$$K = m \cdot i \cdot \frac{l}{r^2} \text{ Dezimegadynen (Biot-Savarts Gesetz).}$$

Umgekehrt ist

$$i = \frac{K \cdot r^2}{m \cdot l} \text{ Ampere,}$$

d. h. 1 Ampere durch einen Kreisbogen von 1 m Radius und 1 m Länge fließend wirkt auf 1 Weber im Zentrum mit der Kraft 1 Dezimegadyne.

Windet man den Draht zu einer Spule von s Windungen vom Radius r, so ist die Kraft s mal größer als bei einer Windung, also

$$K = 2\pi \cdot \frac{s\,i}{r} \cdot m \text{ Dezimegadynen.}$$

**102. Tangentenbussole.** Durch Bestimmung der Kraft, welche einen Magneten in eine Spule zieht, oder die hierauf sich gründende Tangentenbussole, bei welcher die Kraft gemessen wird durch Vergleich mit derjenigen des Erdmagnetismus, kann man Stromstärken messen.

Auf jeden der beiden Pole wirkt nämlich der Erdmagnetismus mit der Kraft $10^7 \cdot 0{,}2 \cdot 10^{-4} \cdot m$ (in Karlsruhe), wovon die Komponente $10^7 \cdot 0{,}2 \cdot 10^{-4} \cdot m \cdot \sin \varphi$ Dezimegadynen drehend wirkt, wenn $\varphi$ der Ablenkungswinkel. Von der Kraft des Stromes wirkt drehend die Komponente $2\pi \dfrac{s \cdot i \cdot m}{r} \cdot \cos \varphi$, somit ist

$$i = \frac{100 \cdot r}{\pi \cdot s} \cdot \operatorname{tg} \varphi = C \cdot \operatorname{tg} \varphi \text{ Ampere.}$$

$C = \dfrac{100 \cdot r}{\pi \cdot s}$ heißt der Reduktionsfaktor der Tangentenbussole; z. B. ist für $r = 0{,}5$ Meter und $s = 10$  $C = 1{,}6$, also $i = 1{,}6 \cdot \operatorname{tg} \varphi$ Ampere.

**103. Magnetischer Kreis.** Die Feldstärke in einer Spule, d. h. die Kraft auf die Masse $10^{-7}$ Weber, ist

$$H = \frac{2\pi}{10^7} \cdot \frac{si}{r}.$$

Sie ist die Kraftlinienzahl pro qm, also, wenn q der Querschnitt der Spule ist und der Durchmesser d, die gesamte Kraftlinienzahl

$$N = \frac{4\pi}{10^7} \cdot \frac{si}{\dfrac{d}{q}}.$$

Für eine lange Spule ist statt d deren Länge l Meter zu setzen. Befindet sich Eisen in der Spule, so ist die Kraftlinienzahl, falls der Eisenkern in sich zurückläuft, so daß der Magnetismus an den Enden (entmagnetisierende Intensität) nicht stört, $\mu$ mal so groß, also

$$N = \frac{4\pi}{10^7} \cdot \frac{si}{\dfrac{1}{\mu} \cdot \dfrac{1}{q}}.$$

Man nennt wohl auch N den „magnetischen Kraftfluß",

$\dfrac{4\pi}{10^7} \cdot$ si die „magnetomotorische Kraft" und $\dfrac{1}{\mu} \cdot \dfrac{l}{q}$ den „magnetischen Widerstand" in Anbetracht der Ähnlichkeit mit dem Ohmschen Gesetz.

Besteht der magnetische Kreis aus verschiedenen Stücken von den Längen $l_1, l_2, l_3 \ldots$ Meter, den Querschnitten $q_1, q_2, q_3 \ldots$ und den Permeabilitäten $\mu_1, \mu_2, \mu_3 \ldots$, so ist

$$N = \frac{4\pi}{10^7} \cdot \frac{s\,i}{\dfrac{1}{\mu_1} \cdot \dfrac{l_1}{q_1} + \dfrac{1}{\mu_2} \cdot \dfrac{l_2}{q_2} + \dfrac{1}{\mu_3} \cdot \dfrac{l_3}{q_3} + \ldots}.$$

**104. Meßbrücke.** Ist der Brückenstrom Null, so besteht zwischen den 4 Widerständen die Proportion $w_1 : w_2 = w_3 : w_4$, also ist $w_1 = w_2 \cdot \dfrac{w_3}{w_4}$ Ohm. Bei Verwendung der Brücke zur Kompensation ist die kompensierte Spannung, wenn sie sich im Nebenschluß zu r Ohm Widerstand bei i Ampere Stromstärke befindet, $e = i \cdot r$ Volt.

**105. Ballistisches Galvanometer.** Bringt ein dauernder Strom von J Ampere die Ablenkung $\alpha$ hervor, und ist T die Schwingungsdauer der Nadel, so ist die bei einem Stromstoß, welcher die Ablenkung $\beta$ erzeugte, durchgegangene Elektrizitätsmenge

$$Q = \frac{T \cdot J \cdot \sin\dfrac{\beta}{2}}{\operatorname{tg} \alpha \cdot \pi} \text{ Coulomb.}$$

**106. Gleitstück im Magnetfeld.** Nach dem Biot-Savartschen Gesetz wirkt ein gerader von i Ampere durchflossener Stromleiter von l Meter Länge auf einen Magnetpol von m Weber Stärke im Abstand r Meter mit der Kraft $m \cdot i \cdot \dfrac{l}{r^2}$ Dezimegadynen, falls der Pol der Mitte senkrecht gegenübersteht. Mit derselben Kraft wirkt der Pol auf den Stromleiter, und da $\frac{m}{r^2} = H$, d.h. gleich der Feldstärke, ist, beträgt auch in einem beliebigen Magnetfeld von dieser Stärke die Kraft $i \cdot H \cdot l$ Dezimegadynen. Die Richtung ergibt sich aus der Linke-Hand-Dreifingerregel (Mittelfinger: Richtung des positiven Stromes; Zeigefinger: Richtung der Kraftlinien vom Nord- zum Südpol; Daumen: Richtung der Kraft). Verschiebt man den Leiter senkrecht zu seiner Richtung um die Strecke x Meter, so ist die verbrauchte bezw. gewonnene Arbeit

$$K \cdot x = i \cdot H \cdot l \cdot x = i \cdot N \text{ Joule,}$$

wenn N die Zahl der von dem Leiter geschnittenen Kraftlinien bedeutet. Somit ist auch

$$K = i \cdot \frac{N}{x} \text{ Dezimegadynen.}$$

Dauert die Verschiebung t Sekunden, so ist der Effekt $K \cdot \frac{x}{t} = i \cdot \frac{N}{t}$ Watt, d. h. gleich Stromstärke mal der Zahl der pro Sekunde geschnittenen Kraftlinien.

107. **Wirkung von Strömen aufeinander.** Werden die Kraftlinien durch einen parallelen geraden Stromleiter erzeugt, so ist die Kraft $\frac{2}{10^7} \cdot i_1 \cdot i_2 \cdot \frac{l}{r}$ Dezimegadynen, wenn $i_1$ und $i_2$ die beiden Stromstärken in Ampere bedeuten.

Wird ein in sich geschlossener, von $i_1$ Ampere durchflossener Stromleiter in einem Magnetfeld um die Strecke x Meter verschoben, so ist die Arbeit $K \cdot x = i_1 \cdot N$ Joule, wenn N die Änderung der Zahl von Kraftlinien bedeutet, welche von dem Leiter umschlossen werden.

Wird eine Spule von $s_1$ Windungen in ein Magnetfeld gebracht, so daß sie N Kraftlinien umfaßt, so ist die Arbeit $i_1 \cdot s_1 \cdot N$ Joule. Wird das Magnetfeld ebenfalls durch eine Spule hervorgebracht, welche vom Strom $i_2$ durchflossen wird, und wäre die Kraftlinienzahl für eine Windung derselben bei der Stromstärke 1 Ampere $N_1$, also in Wirklichkeit $i_2 \cdot N_1$ und, falls die Spule aus $s_2$ Windungen besteht, $i_2 \cdot s_2 \cdot N_1$, so beträgt die Arbeit oder die potentielle Energie der beiden Ströme aufeinander $i_1 \cdot i_2 \cdot s_1 \cdot s_2 \cdot N_1 = i_1 \cdot i_2 \cdot L$ Joule, wenn L das sogenannte Potential der beiden Ströme aufeinander bedeutet, d. h. die vom Strom 1 Ampere in einer Windung hervorgebrachte Kraftlinienzahl multipliziert mit den Windungszahlen. Es ist die potentielle Energie, wenn beide Spulen von 1 Ampere durchflossen werden. Die Einheit wird Henry genannt.

108. **Elektrodynamometer.** Befindet sich eine drehbare Spule von $r_1$ Meter Radius, der Windungszahl $s_1$, durchflossen vom Strom $i_1$ Ampere, in einer feststehenden Spule, für welche die entsprechenden Größen $r_2$, $s_2$ und $i_2$ sind, so ist das Drehmoment, wenn beide Spulen den Winkel $\alpha$ bilden:

$$i_1 \cdot i_2 \cdot s_1 \cdot s_2 \cdot \frac{2\pi^2 \cdot r_1^2}{10^7 \cdot r_2} \cdot \sin \alpha \text{ Dezimegadynen} \times \text{Meter,}$$

d. h. diese Kraft müßte am Hebelarm 1 Meter entgegengesetzt drehend wirken, um die drehbare Spule festzuhalten.

$$s_1 \cdot s_2 \cdot \frac{2\pi^2 \cdot r_1^2}{10^7 \cdot r_2} \cdot \sin \alpha = L$$

ist das Potential der Ströme aufeinander in Henry.

109. **Elektromotoren.** Ist die Zahl der Windungen einer drehbaren Spule $= s$, also die Zahl der außen herum gezählten Drähte $= 2s$, die Zahl der im Maximum von der Spule umschlossenen Kraftlinien $= N$, also die Zahl der von einem Draht bei einer Drehung

geschnittenen Kraftlinien 2 N und die Zahl der Umdrehungen pro Sekunde n, so ist der Effekt

$$J \cdot 2N \cdot n \cdot 2s = Z \cdot \pi \cdot D \cdot n \text{ Watt,}$$

wenn Z die Zugkraft an einer Riemscheibe von D Meter Durchmesser bedeutet. Diese ist also

$$Z = \frac{4s \cdot J \cdot N}{\pi \cdot D} \text{ Dezimegadynen.}$$

Besteht die Spule aus zwei parallel geschalteten Hälften, ist also die Stromstärke in jedem Draht nur $\tfrac{1}{2}$ J, und bezeichnet man die Zahl der außen herum gezählten Drähte mit C, so ist

$$Z = \frac{C \cdot J \cdot N}{\pi \cdot D} \text{ Dezimegadynen.}$$

Die **Formel gilt für alle Armaturformen.**

**110. Induzierte Spannung.** Wird ein Stromleiter in einem Magnetfeld verschoben, so entsteht an dessen Enden eine Spannungsdifferenz

$$E = \frac{N}{t} \text{ Volt,}$$

d. h. gleich der Zahl der pro Sekunde geschnittenen Kraftlinien. Die Richtung der induzierten Spannung (des positiven Stromes) ergibt sich aus der Rechte-Hand-Dreifingerregel, wobei die Finger gleiche Bedeutung haben wie bei der Linke-Hand-Regel (§ 106).

Für geschlossene Leiter ist unter N die Zahl der ein- oder austretenden Kraftlinien zu verstehen. Beispielsweise ist für eine aus zwei parallel geschalteten Hälften bestehende Spule von $\frac{C}{2}$ Windungen bei n Umdrehungen pro Sekunde die mittlere induzierte Spannung

$$E = C \cdot N \cdot n \text{ Volt.}$$

Die **Formel gilt für alle Armaturformen,** wenn C die Zahl der außen herum gezählten Drähte bedeutet.

**111. Wechselstrom.** Ist die von einer drehbaren Spule, welche mit der felderzeugenden festen den Winkel $\alpha$ bildet, eingeschlossene Kraftlinienzahl $N \cdot \cos \alpha$, so ist deren Änderung bei der Drehung um $d\alpha$

$$dN = N \cdot \sin \alpha \cdot d\alpha,$$

also, wenn s die Windungszahl, die **momentane elektromotorische Kraft**

$$E' = s \cdot N \cdot \sin \alpha \cdot \frac{d\alpha}{dt} = s \cdot N \cdot 2\pi n \cdot \sin \alpha \text{ Volt,}$$

vorausgesetzt, daß n die Umdrehungszahl pro Sekunde ist.

Die **maximale Spannung** $E_m$ tritt ein für $\alpha = 90^0$ und ist

$$E_m = s \cdot N \cdot 2\pi n \text{ Volt.}$$

Die **mittlere Spannung** e ist ebenso wie bei Erzeugung von Gleichstrom (§ 109)

$$e = C \cdot N \cdot n = 2s \cdot 2N \cdot n \text{ Volt,}$$

somit

$$e = \frac{2}{\pi} \cdot E_m \text{ Volt.}$$

Die **effektive Spannung** E, welche maßgebend ist für die Stromarbeit pro Sekunde

$$E \cdot J = \frac{E^2}{R} \text{ Watt,}$$

ergibt sich aus der Betrachtung, daß die Stromarbeit das Mittel zwischen 0 und $\frac{E_m^2}{R}$, somit $\frac{1}{2} \frac{E_m^2}{R}$ sein muß, also

$$E = \frac{1}{\sqrt{2}} \cdot E_m \text{ Volt.}$$

Gleiches gilt für die Stromstärke, d. h. es ist

$$J' = J_m \cdot \sin \alpha, \quad i = \frac{2}{\pi} \cdot J_m, \quad J = \frac{1}{\sqrt{2}} \cdot J_m \text{ Ampere.}$$

**112. Induktionskoeffizient.** Wirkt eine Primärspule induzierend auf eine Sekundärspule, so ist die momentane induzierte Spannung

$$E' = s \cdot \frac{dN}{dt} = s \cdot N_1 \cdot \frac{di}{dt} = L \cdot \frac{di}{dt} \text{ Volt,}$$

d. h. gleich der Änderung der Stromstärke pro Sekunde mal dem Induktionskoeffizienten L, auch „Koeffizient der gegenseitigen Induktion" oder „Potential der Ströme aufeinander" genannt. Dieser ist das Produkt der Windungszahl s der induzierten Spule mit der in ihr von 1 Ampere (in der induzierenden Spule) erzeugten Kraftlinienzahl N. Die Einheit desselben ist 1 Henry, also $L = s \cdot N_1$ Henry. Gleiches gilt für die Induktion einer Spule auf sich selbst, d. h. wenn induzierende und induzierte Spule zusammenfallen. In diesem Fall heißt der Koeffizient „Selbstinduktionskoeffizient".

**113. Transformator und Drosselspule.** Für einen Transformator ist, wenn z die Polwechselzahl, d. h. das Doppelte der Frequenz (Schwingungszahl pro Sekunde) oder des Reziproken der Periode (der Schwingungsdauer) bedeutet und $i_m$ bezw. i den Primärstrom

$$e = 2 \cdot s \cdot z \cdot N \text{ Volt}$$

oder

$$e = 2 \cdot s \cdot z \cdot N_1 \cdot i_m = 2 \cdot z \cdot L \cdot i_m = z\pi L \cdot i \text{ Volt,}$$

wenn L den „Koeffizienten der gegenseitigen Induktion" (das Potential der Ströme aufeinander) in Henry bedeutet.

Ist die eine Spule (Windungszahl $s_1$, Radius $r_1$) um den Winkel $\alpha$ gegen die andere (Windungszahl $s_2$, Radius $r_2$) gedreht, so ist

$$L = s_1 \cdot s_2 \cdot \frac{2\pi^2 \cdot r_1^2}{r_2} \cdot \cos \alpha \text{ Henry.}$$

Für eine Drosselspule (bei welcher Sekundär- und Primärspule identisch sind) ist ebenso

$$e = z\pi L \cdot i \text{ und } E = z\pi L \cdot J \text{ Volt},$$

d. h. die Spule verhält sich so, wie wenn sie den Widerstand $z\pi L$ Ohm (**Induktanz**) hätte, selbst wenn sie keinen Ohmschen Widerstand besitzt.

Ist $E_1$ die Spannung an der Primärspule eines Transformators, so ist wie bei der Drosselspule

$$E_1 = z\pi L_1 \cdot J \text{ Volt}.$$

Die Spannung an der Sekundärspule ist

$$E_2 = z\pi L_2 \cdot J \text{ Volt}.$$

Somit ist das „Übersetzungsverhältnis"

$$E_2 : E_1 = L_2 : L_1 = s_2 : s_1,$$

d. h. die Spannungen verhalten sich wie die Windungszahlen.

**114. Wechselstrom und Kapazität.** Ist in eine Wechselstromleitung ein Kondensator von der Kapazität C Farad eingeschaltet, so strömt in diesen in der Zeit $\frac{T}{4}$ (Viertel der Periode) die Elektrizitätsmenge

$$C \cdot E_m = C \cdot \frac{\pi}{2} \cdot e \text{ Coulomb}.$$

Ist die Stromstärke $1$ Ampere, so ist diese Menge auch $= i \cdot \frac{T}{4}$ Coulomb, also, da $z = 2n = \frac{2}{T}$,

$$\frac{i}{2z} = C \cdot \frac{\pi}{2} \cdot e$$

und

$$e = \frac{i}{z\pi C} \text{ Volt}$$

oder

$$i = e : \frac{1}{z\pi C} \text{ und } J = E : \frac{1}{z\pi C} \text{ Ampere},$$

d. h. der Kondensator verhält sich so, wie wenn er einen Widerstand von $\frac{1}{z\pi C}$ Ohm (**Kapazitanz**) hätte.

**115. Elektrische Schwingungen.** In einer Wechselstromleitung mit dem Selbstinduktionskoeffizienten L Henry, der Kapazität C Farad und dem Widerstand W Ohm ist die bei der Polwechselzahl z durch die effektive Spannung E Volt hervorgebrachte effektive Stromstärke J = E/Impedanz, nämlich

$$J = \frac{E}{\sqrt{W^2 + \left(z\pi L - \frac{1}{z\pi C}\right)^2}} \text{ Ampere.}$$

Der Winkel $\varphi$ der Phasenverschiebung, das Voreilen der Spannung gegen die Stromstärke, ist bestimmt durch die Gleichung

$$\operatorname{tg} \varphi = \frac{z\pi L - \frac{1}{z\pi C}}{W}.$$

Die Stromstärke folgt dem gewöhnlichen Ohmschen Gesetz, d. h. ist E/W Ampere, wenn $z\pi L - \frac{1}{z\pi C} = 0$ oder die Schwingungsdauer $T = 2\pi\sqrt{CL}$ Sekunden. Dies ist die **Eigenschwingungsdauer** des Systems, d. h. wenn auf irgend eine Weise die Elektrizität darin momentan in Bewegung gebracht wurde, pendelt sie mit dieser Schwingungsdauer hin und her.

Die **Stromarbeit** pro Sekunde beträgt

$$E \cdot J \cdot \cos \varphi \text{ Watt,}$$

wenn $\varphi$ den Phasenverschiebungswinkel bedeutet.

**116. Elektromagnetische Energie.** Bezeichnet H die Feldstärke oder Kraftlinienzahl pro qm in einem magnetisch polarisierten Medium von der Permeabilität $\mu$ und dem Volumen v Kubikmeter, so ist die in einem Kubikmeter aufgespeicherte magnetische Energie $= \frac{10^7}{8\pi} \cdot \frac{H^2}{\mu}$ Joule. In einem elektrisch polarisierten Medium von der Dielektrizitätskonstante $\eta$ ist ebenso die bei der elektrischen Feldstärke H aufgespeicherte Energie pro cbm $= \dfrac{9 \cdot 10^9}{8\pi} \cdot \dfrac{H^2}{\eta}$ (§ 84) Joule. Bei elektromagnetischen Schwingungen findet beständige Umwandlung von elektrischer in magnetische Energie statt ähnlich wie bei mechanischen Schwingungen Umwandlung von kinetischer in potentielle Energie und umgekehrt.

117. **Elektrische Drahtwellen.** Werden an die Belegungen eines Kondensators, welche durch einen Draht mit Funkenstrecke zu einem „Schwingungskreis" geschlossen sind, in welchem oszillatorische Entladungen stattfinden, freiendigende Drähte angeschlossen, so pflanzen sich längs diesen elektrische Wellen fort, welche am Ende reflektiert werden und mit den ankommenden sich zu einer „stehenden Wellenbewegung" vereinigen. Ist die Wellenlänge λ Meter, so ist der Abstand zweier Knotenpunkte $\dfrac{\lambda}{2}$ Meter und die Fortpflanzungsgeschwindigkeit $v = n \cdot \lambda = \dfrac{\lambda}{T} = \dfrac{21}{T}$ Meter pro Sekunde. Sie ist in Luft = 300 000 000 Meter pro Sekunde, in andere Medien geringer entsprechend dem Reziproken der Quadratwurzel aus Dielektrizitätskonstante und magnetischer Permeabilität.

118. **Kathodenstrahlen.** Um ruhende Elektronen in Bewegung zu setzen, wobei sich ein magnetisches Feld bildet, also magnetische Energie erzeugt wird, muß eine entsprechende Arbeit geleistet werden, ähnlich wie wenn eine träge Masse in Bewegung gesetzt wird. Die Elektronen besitzen also eine **scheinbare Masse**, und zwar ebensoviel Kilogramm, als der Selbstinduktionskoeffizient in Henry beträgt, nämlich $10 \cdot 10^{-12}$ (10 Billiontel Kilogramm) pro Coulomb. Die scheinbare Masse eines einzelnen Elektrons beträgt $1{,}56 \cdot 10^{-30}$ (1,56 Quinquilliontel) Kilogramm, also, da $640 \cdot 10^{24}$

(640 Quadrillionen) Wasserstoffatom 1 kg wiegen, somit die (wahre) Masse eines H-Atoms $1570 \cdot 10^{-30}$ kg ist, annähernd $\frac{1}{1000}$ der Masse eines Wasserstoffatoms. Sie ist übrigens etwas von der Geschwindigkeit abhängig.

Befinden sich Elektronen im Betrage von Q Coulomb zwischen plattenförmigen Elektroden, deren Abstand 1 Meter und deren Spannungsdifferenz E Volt beträgt, so wirkt auf sie die Kraft $\frac{E}{l} \cdot Q$ Dezimegadynen, sie erhalten somit, indem sie die Strecke 1 durchlaufen, die Energie $E \cdot Q$ Joule oder E Joule pro Coulomb. Diese ist gleich der scheinbaren kinetischen (in Wirklichkeit magnetischen) Energie, welche sie infolge ihrer scheinbaren Trägheit erhalten $= 10^{-11} \cdot \frac{v^2}{2}$ Joule pro Coulomb. Somit ist $v = \sqrt{2 \cdot 10^{11} \cdot E}$ Meter pro Sekunde, z. B. für $E = 2000$ Volt $v = 20 \cdot 10^6$ (20 Millionen) Meter pro Sekunde.

Um bewegte Elektronen anzuhalten, muß ihnen die Energie wieder entzogen werden, d. h. sie üben eine **Stoßwirkung** aus wie wahre Massen. Ist die Stromstärke J Ampere, so beträgt die Stoßkraft $10^{-11} \cdot J \cdot v$ Dezimegadynen, z. B. bei 2000 Volt Elektrodenspannung $2 \cdot 10^{-4} \cdot J$ Dezimegadynen. Dieselbe kann auch als Reaktionskraft auftreten. Vermag sie keine Bewegung zu erzeugen, so entsteht **Wärme** im Betrage von

$$\frac{10^{-11} \cdot J \cdot v^2}{2 \cdot 4189} \text{ Kalorien pro Sekunde.}$$

Bewegen sich die Elektronen senkrecht zu den Kraftlinien eines homogenen **Magnetfeldes** von der Intensität H Dezimegadynen pro Dezimikroweber, so werden sie durch die elektrodynamische Kraft gezwungen, einen Kreis zu durchlaufen, dessen Radius

$$R = \frac{v}{10^{11} \cdot H} \text{ Meter}$$

beträgt. Durch Messung desselben kann man v bestimmen, auch wenn nicht bekannt, daß $L = 10^{-11}$, denn

$$v = \frac{2 \cdot E}{R \cdot H} \text{ m/sec.}$$

Bewegen sich die Elektronen senkrecht zu den Kraftlinien eines homogenen elektrischen Feldes, etwa zwischen den Platten eines Luftkondensators, so beschreiben sie eine Parabel wie ein horizontal geworfener Körper, und zwar ist die Strecke s, welche sie in der Richtung der Kraftlinien zurücklegen $\left(\text{entsprechend dem Satze } s = \frac{g\,t^2}{2}\right) \frac{9 \cdot 10^9}{4} \cdot \frac{H \cdot 1^2}{E}$ Meter, wenn sie gleichzeitig senkrecht dazu die Strecke 1 Meter zurücklegen.

Unterliegen die bewegten Elektronen (Kathodenstrahlen) gleichzeitig der Wirkung eines magnetischen Feldes von der Intensität $H_m$ Dezimegadynen pro Dezimikroweber und der eines elektrischen Feldes von der Stärke $H_e$ Dezimegadynen pro $1/9$ Millimikrocoulomb, und kompensieren sich beide Wirkungen, so ist

$$v = 9 \cdot 10^9 \, \frac{H_e}{H_m} \text{ Meter pro Sekunde.}$$

119. **Fortschreitende elektromagnetische Wellen.** Von einem offenen elektrischen Oszillator gehen abwechselnd entgegengesetzt gerichtete elektrische und magnetische Felder, sogen. elektrische und magnetische Wellen, mit der Geschwindigkeit $3 \cdot 10^8$ m/sec. in den Raum hinaus, welche, wenn sie auf einen dem Oszillator gleichen „Resonator" treffen, in diesem elektrische Schwingungen erregen.

Auch hin- und herschwingende einzelne Elektronen erregen im umgebenden Raume fortschreitende elektromagnetische Wellen (Licht).

Bilden sich durch Reflexion stehende Wellen, so stimmen die Phasen der elektrischen und magnetischen Wellen nicht mehr überein, sondern sind um ein Viertel der Wellenlänge verschoben. Da dann an jeder Stelle abwechselnd die gesamte Energie in Form von elektrischer und dann wieder in Form von magnetischer Energie vorhanden ist, wird die Intensität, d. h. die Energie pro cbm, durch einen der Ausdrücke in § 116 dargestellt.

Auch die Schwingungen im Oszillator sind stehende Wellen; ist also l die Länge des Oszillators in Metern, so ist die Wellenlänge $\lambda = 2\,l$ und die Fortpflanzungsgeschwindigkeit der Wellen $v = \lambda/T = 2\,l/T$ m/sec. Ist die maximale Ladung einer Kugel des Oszillators $= Q$ Coulomb, so ist die während einer Sekunde ausgestrahlte Energiemenge

$$\frac{16 \cdot \pi^4 \cdot Q^2 \cdot l^2}{9 \cdot 10^{15} \cdot T^4} \text{ Watt,}$$

doch gilt dies infolge der starken Dämpfung der Schwingungen durch die Strahlung nur für den ersten Moment.

Die Intensität der im Raume sich ausbreitenden Wellen ist umgekehrt proportional dem Quadrat des Abstandes vom Oszillator.

Gleiches gilt für das Licht, welches als besondere Form der elektromagnetischen Strahlung zu betrachten ist. Beispielsweise ist die Energiemenge in 1 cbm Sonnenlicht an der Erdoberfläche $= 4{,}64 \cdot 10^{-6}$ Joule $= 4{,}64$ Mikrojoule, wie daraus zu schließen, daß 1 qm einer schwarzen Fläche bei senkrechter Bestrahlung pro Sek. $^1/_3$ Kalorie Wärme aufnimmt durch Umwandlung der

Strahlung in Wärme. Da ein Teil der Strahlung durch die Luft absorbiert wird, ist die wahre Solarkonstante $1/2 - 2/3$ Kalorien pro qm in der Sekunde = 2094—2792 Watt (annähernd 2—3 Kilowatt) pro Quadratmeter. Hieraus ergibt sich die maximale Feldstärke für die elektrischen Wellen im Sonnenlicht = $8 \cdot 10^{-8}$ Dezimegadynen pro $\frac{1}{9}$ Millimikrocoulomb und für die magnetischen Wellen $2{,}4 \cdot 10^{-6}$ Dezimegadynen pro Dezimikroweber, d. h. etwa $\frac{1}{8}$ der erdmagnetischen Horizontalintensität in Karlsruhe.

120. **Mechanisches Lichtäquivalent.** Die Gesamtstrahlung einer Hefnerlampe (Kerze) auf 1 qm in 1 m Entfernung beträgt 0,9 Watt. Hiervon sind 0,0081 Watt leuchtende Strahlung, d. h. solche, welche von Wasser nicht absorbiert wird, 0,8919 Watt dunkle. Die gesamte von der Hefnerlampe (nach allen Richtungen) ausgesandte Strahlung ist 1,65 Watt. Die Gesamtstrahlung der Sonne ist 68 quadrillionenmal größer. Die Intensität der Hefnerlampe in 1 m Abstand im ganzen ist $3 \cdot 10^{-9}$ Joule pro cbm, die der leuchtenden Strahlung allein somit $0{,}027 \cdot 10^{-9}$ Joule = 0,027 Millimikrojoule.

121. **Lichtdruck.** Fällt Licht senkrecht auf einen schwarzen Körper, so übt es auf diesen einen Druck aus, welcher pro Quadratmeter soviel Dezimegadynen beträgt, als die Energie Joule pro Kubikmeter. Die Strahlung einer Hefnerlampe würde somit eine absolut schwarze Fläche im Abstand 1 Meter fortstoßen mit der Kraft $3 \cdot 10^{-9}$ Dezimegadynen pro qm.

122. **Strahlungsgesetz.** Die gesamte Energie, welche von einem Quadratmeter einer absolut schwarzen Fläche ausgestrahlt wird, beträgt $53 \cdot 10^{-9} \cdot T^4$ Watt = $53 \cdot T^4$ Millimikrowatt, wenn T die absolute Temperatur

der Fläche ist. Sie wächst also mit der **vierten** Potenz der absoluten Temperatur. Der Proportionalitätsfaktor heißt **spezifisches Strahlungsvermögen**. Befindet sich der Körper in einer geschlossenen Hülle von der absoluten Temperatur $T_0$, so ist die ausgestrahlte Energie nur $53 \cdot (T^4 — T_0^4)$ Millimikrowatt, d. h. er empfängt von der Hülle ebensoviel Energie, als er selbst bei deren Temperatur ausstrahlen würde (Satz von Prevost). Für nicht absolut schwarze Körper ist das spezifische Strahlungsvermögen kleiner; z. B. strahlt eine Argandlampe 0,0055 Kalorien pro qm ihrer Oberfläche in der Sekunde aus, 1 qm Glas von 100° in einer Umgebung von 0° 1500 Kalorien pro Sekunde, 1 qm Sonnenoberfläche 31 600 Kalorien pro Sekunde. Hieraus ergibt sich die Sonnentemperatur zu etwa 6500°.

**123. Reflexion an ebenen und hohlen Spiegeln.** Einfalls- und Reflexionswinkel eines Strahls sind gleich. Ist g der Abstand eines leuchtenden Punktes von einem Hohlspiegel, b der Abstand seines Bildes von der Mitte, f die Brennweite (annähernd gleich der Hälfte des Krümmungsradius), so ist

$$\frac{1}{b} + \frac{1}{g} = \frac{1}{f}.$$

**124. Brechungsgesetz.** Ist i der Winkel des einfallenden, r der des gebrochenen Strahls mit dem Einfallslot, $v_1$ die Lichtgeschwindigkeit im ersten, $v_2$ im zweiten Mittel, so ist

$$\sin i : \sin r = v_1 : v_2.$$

Dieses Verhältnis n heißt **Brechungsindex**. Es ist z. B. für Luft und Wasser = 1,334, Luft und Glas 1,533 für gelbes Licht. Das **spezifische Brechungsvermögen**: $\frac{1}{d} \cdot \frac{n^2 - 1}{n^2 + 2}$, worin d die Dichte des Körpers, ist von Druck, Temperatur und Aggregatzustand nahezu unabhängig, das Produkt desselben mit dem Molekulargewicht, die **Molekularrefraktion** ist (für physikalische und chemische) Verbindungen annähernd gleich der Summe der Atomrefraktionen der Bestandteile. Doppelte Bindung erhöht den Wert der Atomrefraktion um 2.

Im Falle der Totalreflexion ist $\sin r = \frac{1}{n}$.

125. **Brechung durch Linsen.** Die Brennweite f ist für eine gewöhnliche dünne bikonvexe Linse annähernd gleich dem Krümmungsradius. Ist b die Entfernung des Bildes, g die des Gegenstandes von der Linse, so ist

$$\frac{1}{b} + \frac{1}{g} = \frac{1}{f},$$

und, wenn m und n die Größen von Gegenstand und Bild bedeuten,

$$m : n = g : b.$$

126. **Interferenz und Wellenlänge.** Ist der Radius des ersten dunkeln Rings bei Newtons Versuch ϱ Meter und r der Krümmungsradius der Linse, so beträgt die Wellenlänge der betreffenden Lichtart

$$\lambda = \frac{\varrho^2}{r} \text{ Meter.}$$

Beispielsweise ist $\lambda$ für äußerstes Ultrarot $61{,}11 \cdot 10^{-6}$, für Rot $0{,}67 \cdot 10^{-6}$, Gelb $0{,}58 \cdot 10^{-6}$, Grün $0{,}52 \cdot 10^{-6}$, Blau $0{,}47 \cdot 10^{-6}$, Indigo $0{,}43 \cdot 10^{-6}$, Violett $0{,}39 \cdot 10^{-6}$ und äußerstes Ultraviolett $0{,}10 \cdot 10^{-6}$ Meter, somit die Schwingungszahl für äußerstes Ultrarot $4{,}5 \cdot 10^{12}$, für Rot $477 \cdot 10^{12}$, für Violett $699 \cdot 10^{12}$, für äußerstes Ultraviolett $3000 \cdot 10^{12}$.

Die Wellenlängen der Spektrallinien des **Wasserstoffs** werden dargestellt durch Balmers Formel:

$$364{,}720 \cdot \frac{n^2}{n^2 - 4} \cdot 10^{-9} \text{ Meter},$$

worin für n alle ganzen Zahlen von 3 an einzusetzen sind. Ähnliche „Serien" zeigen sich bei anderen Stoffen.

**127. Beugungsgitter.** Ist d die Entfernung des ersten hellen Streifens vom Spaltbild, E die Entfernung des Schirms vom Gitter und c die Gitterkonstante, d. h. der Abstand zweier Spaltmitten, sämtlich gemessen in Metern, so ist (mit großer Annäherung)

$$\lambda = c \cdot \frac{d}{E} \text{ Meter}.$$

**128. Wellenlänge und Temperatur.** Die von 1 qm eines absolut schwarzen Körpers pro Sekunde in Form von Strahlung von der Wellenlänge $\lambda$ Meter ausgesandte Energie beträgt

$$375 \cdot \lambda^{-5} \cdot e^{-\frac{0{,}0146}{\lambda \cdot \tau}} \text{ Watt},$$

falls die Temperatur nach absoluter Skala $\tau$ Grade beträgt. Bei gegebener Temperatur $\tau$ ist sie ein Maximum für die Wellenlänge $0{,}00294/\tau$ Meter, und zwar beträgt sie für diese Temperatur $12 \cdot 10^{-12} \cdot \tau^5$ Watt, steigt also außerordentlich rasch mit zunehmender Temperatur. Bei $5880^0$ (Sonnentemperatur) ist das Maximum bei Gelbgrün, bei $7400^0$ liegt es im unsichtbaren Ultraviolett.

**129. Doppelbrechung.** Für die rechtwinklig zur optischen Achse durch einen Kristall hindurchgehenden Strahlen ist der Brechungsindex

|  | der ordinären | der extraordinären |
|---|---|---|
| für Kalkspat | 1,654 | 1,483 |
| für Quarz | 1,548 | 1,558. |

Ersterer heißt negativ, letzterer positiv doppelbrechend, das Maß der Doppelbrechung ist nämlich die Differenz der Brechungsverhältnisse des extraordinären und des ordinären Strahls.

Bei flüssigen Kristallen kann man die Doppelbrechung (ebenso wie bei festen) an einer plan-konkav linsenförmigen Schicht, welche zwischen gekreuzten Nicols Farbenringe ähnlich den Newtonschen zeigt, durch Messung des Durchmessers dieser Ringe bestimmen nach der Formel

$$n_1 - n_2 = \frac{2\,r \cdot \lambda}{a^2},$$

wenn r der Krümmungsradius der konkaven Fläche und a der Radius des ersten dunkelen Ringes ist. Der Durchmesser des x ten Ringes ist $a \cdot \sqrt{x}$.

**Verlag von Julius Springer in Berlin.**

**Einführung in die Differential- und Integralrechnung** nebst Differentialgleichungen. Von **Dr. F. L. Kohlrausch,** Dozent der Ausbildungskurse am Kaiserlichen Telegraphen-Versuchsamt Berlin. Mit 100 Textfiguren und 200 Aufgaben. Preis M. 6—; in Leinwand geb. M. 6,80.

**Höhere Mathematik** für Studierende der Chemie und Physik und verwandter Wissensgebiete. Von **J. W. Mellor.** In freier Bearbeitung der zweiten englischen Ausgabe herausgegeben von Dr. Alfred Wogrinz und Dr. Arthur Szarvassi. Mit 109 Textfiguren. Preis M. 8,—.

**Naturkonstanten in alphabetischer Anordnung.** Hilfsbuch für chemische und physikalische Rechnungen mit Unterstützung des Internationalen Atomgewichtsausschusses herausgegeben von **Prof. Dr. H. Erdmann,** Vorsteher, und Privatdozent **Dr. P. Köthner,** erstem Assistenten des Anorganisch-Chemischen Laboratoriums der Königlichen Technischen Hochschule zu Berlin. In Leinwand geb. Preis M. 6,—.

**Landolt-Börnstein, Physikalisch-Chemische Tabellen.** Dritte, umgearbeitete und vermehrte Auflage unter Mitwirkung zahlreicher Physiker und Chemiker und mit Unterstützung der Königlich Preußischen Akademie der Wissenschaften herausgegeben von **Dr. Richard Börnstein,** Professor der Physik an der landwirtschaftlichen Hochschule zu Berlin, und **Dr. Wilhelm Meyerhoffer,** Professor, Privatdozent an der Universität zu Berlin. In Moleskin geb. Preis M. 36,—.

**Die Radioaktivität.** Von **E. Rutherford,** D.Sc., F.R.S., F.R.S.C., Professor der Physik an der Mc Gill-Universität zu Montreal. Unter Mitwirkung des Verfassers ergänzte autorisierte deutsche Ausgabe von Prof. Dr. E. Aschkinass, Privatdozent an der Universität Berlin. Preis M. 16,—; in halb Leder geb. M. 18,50.

**Zu beziehen durch jede Buchhandlung.**

**Verlag von Julius Springer in Berlin.**

**Zeitschrift für den Physikalischen und Chemischen Unterricht.** Begründet unter Mitwirkung von Ernst Mach und Bernhard Schwalbe. In Verbindung mit A. Höfler in Prag, O. Ohmann und H. Hahn in Berlin herausgegeben von **Dr. F. Poske.** Preis für den Jahrgang von 6 Heften M. 12,— Die Zeitschrift erscheint seit 1887.

Als Sonderhefte der Zeitschrift erscheinen:

**Abhandlungen zur Didaktik und Philosophie der Naturwissenschaft.** Herausgegeben von **F. Poske** in Berlin, **A. Höfler** in Prag und **E. Grimsehl** in Hamburg. Die „Sonderhefte" werden zwanglos sowohl ihrem Umfange wie der Zeit ihres Erscheinens nach ausgegeben. Jedes Heft ist einzeln käuflich, der Preis richtet sich nach dem Umfange. Eine größere Zahl von Heften im Gesamtumfange von ca. 40 Bogen wird zu je einem Bande (Preis etwa M. 12,— bis 16,—) vereinigt.

Erster Band — Preis M. 14,20.

INHALT:

Heft 1: **Die elektrische Glühlampe im Dienste des physikalischen Unterrichts.** Von E. Grimsehl, Professor an der Oberrealschule auf der Uhlenhorst in Hamburg. Preis M. 2,-

Heft 2: **Zur gegenwärtigen Naturphilosophie.** Von Dr. Alois Höfler o. ö. Professor an der deutschen Universität Prag. Preis M. 3,60

Heft 3: **Der naturwissenschaftliche Unterricht — insbesondere in Physik und Chemie — bei uns und im Auslande.** Von Dr. Karl T. Fischer a. ö. Professor an der Kgl. Technischen Hochschule in München Preis M. 2,—

Heft 4: **Wie sind die physikalischen Schülerübungen praktisch zu gestalten?** Von Hermann Hahn, Oberlehrer am Dorotheenstädtischen Realgymnasium zu Berlin. Preis M. 2,—

Heft 5: **Strahlengang und Vergröfserung in optischen Instrumenten.** Ein Einführung in die neueren optischen Theorien. Von Dr. Hans Keferstein, Professor an der Oberrealschule auf der Uhlenhorst in Hamburg. Preis M. 1,60

Heft 6: **Über die Erfahrungsgrundlagen unseres Wissens.** Von Dr. A. Meinong, o. ö. Professor an der Universität Graz. Preis M. 3,—.

Zweiter Band.

Heft 1: **Elementare Messungen aus der Elektrostatik.** Von Professor Dr. Karl Noack, Oberlehrer a. D. Preis M. 2,—

Heft 2: **Experimentelle Einführung der elektromagnetischen Einheiten.** Von E. Grimsehl, Professor an der Oberrealschule auf der Uhlenhorst in Hamburg. Preis M. 1,60.

Weitere Hefte befinden sich in Vorbereitung.

**Zu beziehen durch jede Buchhandlung.**

MIX
Papier aus verantwortungsvollen Quellen
Paper from responsible sources
FSC® C105338

If you have any concerns about our products,
you can contact us on
**ProductSafety@springernature.com**

In case Publisher is established outside the EU,
the EU authorized representative is:
**Springer Nature Customer Service Center GmbH
Europaplatz 3, 69115 Heidelberg, Germany**

Printed by Libri Plureos GmbH
in Hamburg, Germany